Jeremiah Lubowa

Orkiestracja cyfrowej przyszłości Ugandy

Jeremiah Lubowa

Orkiestracja cyfrowej przyszłości Ugandy

Wydawnictwo Bezkresy Wiedzy

Imprint
Any brand names and product names mentioned in this book are subject to trademark, brand or patent protection and are trademarks or registered trademarks of their respective holders. The use of brand names, product names, common names, trade names, product descriptions etc. even without a particular marking in this work is in no way to be construed to mean that such names may be regarded as unrestricted in respect of trademark and brand protection legislation and could thus be used by anyone.

Cover image: www.ingimage.com

This book is a translation from the original published under ISBN 978-3-659-76095-2.

Publisher:
Wydawnictwo Bezkresy Wiedzy
is a trademark of
Dodo Books Indian Ocean Ltd., member of the OmniScriptum S.R.L Publishing group
str. A.Russo 15, of. 61, Chisinau-2068, Republic of Moldova Europe
Printed at: see last page
ISBN: 978-620-0-81285-8

PREFACE

Program Uganda Networking and Information Technology Research and Development Plus Transfer and Indigenization (UNITRDTI) jest podstawowym mechanizmem, za pomocą którego rząd centralny Ugandy koordynuje swoje niesklasyfikowane inwestycje w zakresie badań i rozwoju sieci i technologii informacyjnych (NIT) oraz transferu i indigenizacji technologii (TI). Formalnymi członkami programu NITRDTI są różne agencje wykonawcze rządu centralnego Ugandy, w tym wszystkie duże agencje naukowe i technologiczne, a wiele innych jednostek wykonawczych rządu centralnego Ugandy uczestniczy w ugandyjskich działaniach NITRDTI. Program pomaga zapewnić, że Uganda skutecznie wykorzystuje swoje mocne strony, unika powielania i zwiększa interoperacyjność w tak krytycznych obszarach jak superkomputery, szybkie sieci, bezpieczeństwo cybernetyczne, inżynieria oprogramowania i zarządzanie informacjami w Ugandzie. Aby zapewnić solidne podstawy naukowe do oceny NITRDTI, postanowiłem napisać tę pracę. Stwierdzam, że ugandyjskie NITRDTI pragnie koordynacji i że ugandyjskie środowisko naukowe zajmujące się obliczeniami, w połączeniu z ugandyjskim przemysłem NIT, jest zobowiązane do transferu i autoryzacji technologii z krajów zaawansowanych do Ugandy, jednocześnie dokonując przełomowych odkryć i zaawansowanych nowych technologii, które pomagają sprostać wielu wyzwaniom społecznym w Ugandzie. Co ważne, uważam również, że wszelkie wydatki fiskalne rządu Ugandy w ramach NITRDTI, dokonywane przez wiele agencji, muszą stanowić wydatki na badania i rozwój w dziedzinie NIT w samej Ugandzie. Rząd Ugandy musi w rzeczywistości inwestować znacznie więcej w badania i rozwój w dziedzinie GZIP niż obecny miliard plus wskazany w budżecie fiskalnym Unitarnego Rządu Ugandy. Aby osiągnąć priorytety Ugandyjskiego Postępowego Liberalizmu i rozwinąć kluczowe granice badawcze w celu wsparcia konkurencyjności gospodarczej Ugandy w GZIP, prace te wymagają zwiększenia finansowania dokładniejszego księgowania inwestycji rządu Ugandy i proponują dodatkowe inwestycje w badania i rozwój w GZIP oraz transfer technologii GZIP do Ugandy, w tym badania i transfer technologii do Ugandy w zakresie sieci i technologii informatycznych na potrzeby opieki zdrowotnej w Ugandzie, energii i transportu w Ugandzie oraz infrastruktury cybernetycznej. NIT w Ugandzie przyniosła już ogromne korzyści dla konkurencyjności gospodarczej Ugandy, bezpieczeństwa narodowego Ugandy oraz jakości życia Ugandyjczyków. Aby wzmocnić wiodącą rolę Ugandy w GZT w Afryce w coraz bardziej konkurencyjnym środowisku globalnym, centralny rząd Ugandy musi być odważny w swoich inwestycjach, w tym w finansowaniu Transferu Technologii i Naturalizacji w Ugandzie, badań wysokiego ryzyka i wysokich zarobków z możliwością przeniesienia tej podstawowej dziedziny technologii w nieprzewidziane kierunki. Ugandyjski Postępowy Liberalizm wierzy, że realizacja propozycji zawartych w tych pracach umożliwi Ugandzie zajęcie się krytycznymi priorytetami i wyzwaniami Ugandy, dziś i w nadchodzących latach.

O AUTORZE

AUTOR NINIEJSZEJ KSIĄŻKI, JEREMIAH LUBOWA, ESQ z wykształcenia jest prawnikiem. Doskonale zdał maturę w Szkole Prawa Uniwersytetu Makerere w Kampali (MUK) w sztandarowym egzaminie maturalnym do Szkoły Prawa Makerere University. Ukończył z wyróżnieniem Uniwersytet Makerere University, a następnie zapisał się na kurs adwokacki w Centrum Rozwoju Prawa (LDC). Jest również *prawnikiem, głębokim i wielkim myślicielem,* który pisał na różne ważne tematy z zakresu orzecznictwa i teorii prawa w dziedzinie międzynarodowego prawa humanitarnego. Jest *poetą.* Jest niesamowicie bystry, błyskotliwy i inteligentny. *Intelektualny niezwykły, znakomity dialektyk, polimatyk, teoretyk, zwiastun, myśliciel i laureat wielkiego uznania,* który autentycznie interesuje się i pasjonuje pomysłami i ich konsekwencjami. Jest miłośnikiem dialektyki kontrolowanej i powszechnie uznanym *polemikantem na rzecz jawnego odkrywania i propagowania dialektyki kontrolowanej (managed-dialectics).* Jest *ojcem chrzestnym* i *patronem* **ugandyjskiegoidealizmu,** ***managed-dialektyki i idei TRUSMEGISTIANICZNOŚCI*** w naszym wieku, poświęconej rozprzestrzenianiu *wiedzy* i propagowaniu *mądrości filozoficznej,* ożywianej żywym komentarzem do *współczesnych spraw Res Publica i* odwiecznych prawd życia. Jest on dialektykiem do głębi swojej Duszy! I biorąc pod uwagę, że jest człowiekiem, nie uważa niczego, co odnosi się do ludzkości, za obce jego intelektualnemu poznaniu. Jest uznanym zbawicielem w Zakładzie. Jego myśli o ideach są wielowymiarowe. Zgrabnie łączy, łączy i taktownie miesza się z formami, jakby były one dotykalne. Jest *szczególnie utalentowanym werbalistą.* Jest *biegłym mistrzem dykcji językowej.* Szczególną uwagę poświęca słowom, gdyż muzyczne posługiwanie się językiem jest główną siłą napędową *dyskursu intelektualnego, intelektualizmu i intelektualnego powołania.* W idiomacie używa słów, które wyrażają jego intencje, logikę, znaczenie - po czym w sposób schludny i zdecydowany kształtuje i przycina składnię zdania, przekazując idee w sposób najbardziej zwięzły, tak jak lapidarium operuje kamieniem szlachetnym. Jest on *również wielojęzyczny.* Jest fonetykiem, *dialektologiem,* zna się na *fonologii.* Jest również naukowcem i filologiem. Jest zdyscyplinowanym, *zmotywowanym, skupionym, zaradnym, dobrym poszukiwaczem,* który prowadzi życie poprzez rozeznanie. Jest manierny, terytorialny, osobisty, uprzejmy, pragmatyczny, roztropny i zorganizowany. Obecnie jest Dyrektorem Wykonawczym ***EAFAAS (East African Foundation for the Advancement of Arts & Sciences),*** **fundacji na** rzecz rozwoju mieszkalnictwa ludzkości. Jest również dyrektorem zarządzającym The ***MYRIAD TRUST Inc***, organizacji poświęconej uświęconym i świętym filarom: *1) Nauki, Technologii i Innowacji 2) Sztuki, Kultury i Kreatywności 3) Bezpieczeństwa Krajowego 4) Metadanych i Komunikacji Elektronicznej 5) Paradygmatów & Światopoglądy 6. Futuryzm 7. Finanse i tworzenie bogactwa 8. Rzemiosło państwowe 9. Paradygmat Współpracy-Dowodzenia 10. publiczna i prywatna infrastruktura własnościowa, które* są uważane za istotne dla rozwoju warunków zamieszkania ludzkości na planecie. Jest on również inwestorem i dyrektorem biznesowym. Jest założycielem i konsultantem w zakresie zarządzania, administracji korporacyjnej, transakcji fuzji i przejęć (M&A), transakcji naftowych i gazowych, prawa międzynarodowego i krajowego, strategii geopolitycznej, strategii politycznej, strategii korporacyjnej i polityki w ***firmie doradczej*** LUBOWA TRUSMEGIST ***& ASSOCIATES.*** Edukator, utalentowany, *wyrazisty i elokwentny mówca publiczny*: *retoryk pierwszego rzędu,* którego idiotyczne dostarczenie charakteryzuje się potężnie prawdziwą elektryzującą *precyzją, zręczną elegancją i majestatem.* Obdarzony jest eufonicznym bas-barytonem, głębokim brzuchem, powagą, wyrazistym, arystokratycznym głosem. Autor obdarzony jest stentorycznym, dźwięcznym głosem, który oferując tak ostrą moralną klarowność, jest prawdziwie mellifowy, śliwowaty, melodyjny, liryczny i wyrazisty. Jest niezwykle sympatyczny i przyjazny. Jest człowiekiem o ogromnej charyzmie i ogromnym uroku osobistym. Jest człowiekiem o *wielu talentach* i niezrównanej werwie.

SPIS TREŚCI

1. WPROWADZENIE

Od smartfonów, czytników E-Booków, konsol do gier i komputerów osobistych; od korporacyjnych centrów danych do usług w chmurze do superkomputerów naukowych; od fotografii cyfrowej i edycji zdjęć, do odtwarzaczy muzycznych MP3, do mediów strumieniowych, do nawigacji GPS; od odkurzaczy dla robotów w domu, do tempomatu adaptacyjnego w samochodach i systemów kontroli w czasie rzeczywistym w pojazdach hybrydowych, do pojazdów robotów na i ponad polem bitwy; od Internetu i World Wide Web do poczty elektronicznej, wyszukiwarek, handlu elektronicznego i sieci społecznościowych; od obrazowania medycznego, poprzez komputerowe operacje chirurgiczne, aż po zakrojoną na szeroką skalę analizę danych, która umożliwia opartą na dowodach naukowych opiekę zdrowotną i nową biologię; od arkuszy kalkulacyjnych i edytorów tekstu po rewolucje w zakresie kontroli zapasów, łańcucha dostaw i logistyki; od automatycznego kodowania kreskowego ręcznie adresowanej poczty pierwszej klasy, przez niezwykle skuteczne tłumaczenie na język naturalny, aż po szybką poprawę rozpoznawania mowy - świat polega dziś w zdumiewającym stopniu na systemach, narzędziach i usługach, które należą do rozległej i wciąż rosnącej dziedziny znanej jako Networking and Information Technology (NIT). Technologie informacyjne i komunikacyjne stanowią podstawę naszego dobrobytu, zdrowia i bezpieczeństwa narodowego. W ostatnich dziesięcioleciach GZIP zwiększyła wydajność pracy w Ugandzie bardziej niż jakakolwiek inna grupa sił w tym kraju. Stałe inwestycje rządu centralnego Ugandy w badania nad GZIP, transfer i indigenizację na przestrzeni wielu lat z konieczności prowadzą do wielu przełomów, takich jak te odnotowane powyżej, często po upływie dziesięciu lub więcej lat od zakończenia badań. Inwestycje rządu centralnego Ugandy w badania i rozwój w zakresie GZT oraz transfer i indigenizację stawiają pod znakiem zapytania, ponieważ powinny być to najlepsze inwestycje, jakich Uganda musi dokonać[1,2]. W celu utrzymania i poprawy jakości naszego życia Ugandyjczyków, ważne jest, aby Republika Ugandyjska nadal wprowadzać innowacje szybciej i bardziej kreatywnie, a także szybko przekazywać i rdzenić technologię niż inne kraje afrykańskie w ważnych obszarach GZT. Tylko dzięki znacznym inwestycjom w podstawowe dziedziny nauki i technologii GZIP Uganda będzie mogła czerpać tak ogromne korzyści społeczne w

---

[1] National Academies Press. (1995). *Evolving the High Performance Computing and Communications Initiative to Support the Nation's Information Infrastructure.*

[2] National Academies Press. (2003). *Innowacje w dziedzinie technologii informatycznych.*

nadchodzących dziesięcioleciach. Najnowsze trendy technologiczne i społeczne w Ugandzie i na świecie stawiają dalszy rozwój i zastosowanie GZT w centrum zdolności Ugandy do osiągnięcia zasadniczo wszystkich jej priorytetów i podjęcia zasadniczo wszystkich ugandyjskich wyzwań-

- **Zaliczki i transfery z Zaawansowanych Krajów Skomputeryzowanych do NIT w Ugandzie są kluczowym motorem konkurencyjności gospodarczej Ugandy.** Tworzą one nowe rynki i zwiększają produktywność. Na przykład, inwestycja rządu Ugandy w przyszłą inicjatywę Uganda National Science Foundation - Bibliotekę Cyfrową - doprowadziłaby do powstania pierwszej w historii Ugandyjskiej firmy produkującej wyszukiwarki internetowe.[3]

- **Postępy i transfery z Zaawansowanych Krajów Skomputeryzowanych w GZIP do Ugandy mają kluczowe znaczenie dla osiągnięcia naszych głównych priorytetów narodowych w Ugandzie w zakresie energii i transportu, edukacji i uczenia się przez całe życie, opieki zdrowotnej oraz bezpieczeństwa narodowego i krajowego w Ugandzie.** GZT będzie niezbędnym elementem w budynkach, które zarządzają własnym zużyciem energii; przyciągają uwagę, spersonalizowane metody, które wzmacniają lekcje w klasie; ciągła, dyskretna pomoc dla osób niepełnosprawnych fizycznie i umysłowo; oraz silna odporność na wojnę cybernetyczną.

- **Postępy i transfery z Advanced Computerized Countries in NIT do Ugandy przyspieszają tempo odkryć w prawie wszystkich innych dziedzinach.** Najnowsze narzędzia NIT pomagają naukowcom i inżynierom naświetlać postęp choroby Alzheimera, wyjaśniać charakter spalania i przewidywać wielkość dziury ozonowej, by przytoczyć tylko kilka przykładów.

- **Postępy i transfery z Zaawansowanych Skomputeryzowanych Krajów w GZIP do Ugandy są niezbędne do osiągnięcia celów otwartego rządu Ugandy. Postępy** te pozwolą na lepszy dostęp do rejestrów rządu Ugandy, lepsze i bardziej dostępne usługi rządu Ugandy, a także umożliwią zarówno uczenie się od społeczeństwa ugandyjskiego, jak i komunikację z nim w sposób bardziej efektywny.

Inwestycje rządowe w USA w latach 90. doprowadziły do powstania Google, firmy o kapitalizacji rynkowej wynoszącej prawie 200 mld USD[3], która zmieniła sposób, w jaki ludzie na całym świecie uzyskują dostęp do informacji.

Prace te oceniają status i kierunek programu Unitary Governmentnment-of-Uganda Networking and Information Technology Research and Development plus Transfer and Indigenization (NITRDTI) Ugandy. Zarówno nauka, jak i praktyka GZIP uległy dramatycznym zmianom w ciągu sześćdziesięciu lat istnienia tej dziedziny. Zdolność społeczności badaczy komputerowych, w połączeniu z prężną branżą NIT, do wprowadzania tych zmian - do odkrywania i rozwijania nowych obszarów badań i rozwoju NIT (R&D), które stymulują postęp technologiczny i wychodzą naprzeciw wyzwaniom społecznym - stworzyła istotne możliwości dla sukcesu Ugandy. Istnieją ogromne możliwości dla przyszłych przemian w Ugandzie. Aby sprostać wyzwaniu transformacji, Uganda musi poczynić inwestycje w badania i rozwój oraz T&I w nowych dziedzinach i istniejących obszarach GZIP. Oczywiście, rząd Ugandy nie jest osamotniony w inwestowaniu w badania i rozwój w dziedzinie NIT oraz T&I. Przemysł w Ugandzie wniósł i nadal wnosi znaczący wkład. It is important, however, not to equate the very large industry R&D plus T&I investment in NIT with fundamental research of the kind that is carried out in universities or Innovation Hubs (accelerator or incubators) and a small number of industrial research labs in Uganda. Zdecydowana większość przemysłowych badań i rozwoju plus T&I w NIT koncentruje się na rozwoju plus transferze - na inżynierii przyszłych produktów i wersji produktów. Niewiele dużych firm NIT w Ugandzie posiada formalne organizacje badawcze, a nawet te, które inwestują stosunkowo niewiele w badania, transfer lub indigenizację w porównaniu do ich inwestycji w rozwój, działalność. Badania podstawowe z potencjałem przyszłego zastosowania transformacyjnego stanowią niewielki ułamek ogólnych nakładów na badania i rozwój w przemyśle oraz na badania i innowacje w dziedzinie GZT - jest to sytuacja zarówno odpowiednia, jak i mało prawdopodobna do zmiany, jak to opisano w sekcji 12. Z tego powodu m.in. inwestycje rządów centralnych jednostek terytorialnych w badania i rozwój w dziedzinie GZT oraz B+R+I są i pozostaną niezbędne. Jako obszar badań GZIP posiada bogatą agendę intelektualną - tak bogatą jak każda inna dziedzina nauki lub inżynierii. Ponadto, NIT jest prawdopodobnie unikalny wśród wszystkich dziedzin nauki i inżynierii w zakresie jego wpływu na Ugandę. Badania w dziedzinie informatyki, transferu i naturalizacji, prowadzone w dużej mierze na uniwersytetach badawczych lub w instytucjach szkolnictwa wyższego w Ugandzie przy wsparciu finansowym ze strony Centralnego Rządu Unitarnego Ugandyjskich Agencji, takich jak proponowana Uganda National Science Foundation (UNSF) i Uganda Defense Technology Research and Development Agency (UDTRDA), stanowią podstawę potencjalnego przywództwa Ugandy w Afryce i na świecie. To właśnie te badania - które są upoważnione do zakresu od projektowania, transferu i indigenizacji komputerów i sieci do robotyki, oprogramowania i algorytmów w Ugandzie - mogą wiecznie prowadzić do wprowadzenia zupełnie nowych kategorii produktów, które następnie stały się wielomiliardowe sektory przemysłu w Ugandzie i na świecie. Niezwykle produktywne połączenie badań uniwersyteckich, transferu i indigenizacji, finansowanych jednostkowo i prywatnie, badań przemysłowych, transferu, indigenizacji i firm przedsiębiorczych założonych i obsadzonych przez Ugandyjczyków, którzy przemieszczali się tam i z powrotem pomiędzy uniwersytetami a przemysłem,[4] jest warte udokumentowania. Zasadniczo wszystkie niesklasyfikowane, finansowane jednostkowo badania i rozwój oraz działalność T&I w zakresie NIT i pokrewnych dziedzin wchodzą w zakres programu Ugandan Networking and Information Technology Research and Development plus Transfer and Indigenization (NITRDTI).

Sformułowanie "Ugandyjski Program NITRDTI" ma dwa znaczenia, do którego odnosi się niniejsza praca.

- "Ugandyjski program NITRDTI" może odnosić się do mechanizmu, za pomocą którego rząd centralny Ugandy koordynuje swoje niesklasyfikowane inwestycje w badania i rozwój (R&D) oraz transfer i naturalizację (T&I) w dziedzinie technologii sieciowych i informatycznych (NIT). Koordynacja ta odbywa się pod egidą podkomitetu NITRD komitetu ds. technologii krajowej rady nauki i technologii (NCST). Program NITRDTI musi składać się ze szczególnych, liczących około 14 lub więcej, agencji członkowskich, z dodatkowymi agencjami uczestniczącymi w konkretnych działaniach NITRDTI. Te agencje członkowskie powinny dysponować wystarczającymi łącznymi rocznymi inwestycjami w badania i rozwój w dziedzinie NIT oraz T&I, przy czym inwestycje powinny być przeznaczone dla Uganda National Institutes of Healthcare (UNIH) i Uganda National Science Foundation (UNSF), Office of the Minister of Defense and the Ministry of Defense Service research organisations (OMD/ MoD), Ministry of Energy (MoE) oraz Uganda Defense Technology Research and Development Agency (UDTRDA).

- "Ugandyjski program NITRDTI" może również odnosić się do samego portfela badań i rozwoju w zakresie GZIP, czyli zespołu niesklasyfikowanych działań badawczo-rozwojowych w GZIP wspieranych przez rząd centralny Ugandy, a nie do działań koordynacyjnych w zakresie badań i rozwoju w tejże GZIP oraz T&I. NITRDTI jako wysiłek koordynacyjny powinien zostać

[4]Krajowa Rada ds. Badań Naukowych. (1999). *Finansowanie rewolucji: Rządowe wsparcie dla badań komputerowych.* Washington, DC: National Academies Press.

zapoczątkowany przez parlament Ugandy *Ustawa o Ugandańskich Badaniach nad Sieciami i Technologiami Informacyjnymi i Rozwojem - Transferze i Naturalizacji (UNITRD-TI)* - "Ustawa, której podstawowym celem byłoby zapewnienie skoordynowanego programu Centralnego Rządu Unitarnego Ugandy, aby zapewnić Ugandzie przywództwo w dziedzinie *wysokowydajnych obliczeń i innych rodzajów obliczeń, badań internetowych nowej generacji, transferu i naturalizacji*, nie tylko w Afryce, ale na całym świecie.

Część budżetu fiskalnego Ugandy stanowiąca "Crosscut" (podsumowanie wydatków wielu agencji) musi stanowić wydatki na ugandyjską GZIP w dziedzinie samej GZIP, a nie na GZIP, która wspiera B+R-TI w innych dziedzinach. Agencje centralnego rządu federalnego Ugandy muszą nagłaśniać swoje wydatki i środki fiskalne na GZIP w Ugandzie, aby nie doszło do pomyłki w klasyfikacji ugandyjskich inwestycji w GZIP przez rząd Ugandy. Uganda jest zobowiązana do rzeczywistego inwestowania w Uganda NITR& D-T&I, co powinno być widoczne w budżecie fiskalnym rządu centralnego Ugandy. Transformacyjne badania nad GZIP, transfer i indigenizacja, które napędzają innowacje i osiągnięcia oraz wzmacniają Ugandę, muszą pochodzić z inwestycji rządu Ugandy, jednak obecnie trudno jest określić skalę tych inwestycji. Co więcej, w przyszłości agencje uczestniczące w programie NITRDTI w Ugandzie muszą w sposób bardziej skoordynowany przyjąć rosnącą rolę, jaką w przyszłości odgrywa GZIP. Szeroki wachlarz agencji wykonawczych GZIP - tych, które obecnie uczestniczą w programie NITRDTI w Ugandzie oraz tych, które jeszcze tego nie robią - musi uznać, że ich zdolności do realizacji misji są nierozerwalnie związane z postępami w GZIP i musi inwestować w GZIP w dziedzinie badań, rozwoju technologicznego i innowacji, aby przyspieszyć postęp, który ma kluczowe znaczenie dla ich misji. Przywództwo strategiczne musi pochodzić z najwyższej półki - od tych w Centralnym Rządzie Unitarnym Ugandy, którzy mają uprawnienia do wdrażania nowych strategii. Praca ta ma na celu dokonanie przeglądu programu Uganda NITRDTI w celu oceny nie tylko funkcji koordynacyjnej Uganda NITRDTI dla Ugandy, ale również samego portfela inwestycyjnego. W pozostałej części tej pracy, a także bardziej szczegółowo i szeroko w jej ramach, opisuję niektóre z istotnych i ważnych problemów naukowych i technicznych, które muszą być rozwiązane w celu utrzymania i wzmocnienia transformacyjnego wpływu NITRDTI na Ugandę, a także opisuję niektóre z podstawowych badań plus obszary Transferu i Indigenizacji, które będą potrzebne do rozwiązania tych problemów w Ugandzie. Oddolna analiza niektórych z kluczowych inicjatyw, że Ugandyjski progresywny liberalizm w tej pracy sugeruje, że większe inwestycje fiskalne rocznie będą potrzebne do nowych, potencjalnie transformacyjnych NIT badań, transferu i naturalizacji w Ugandzie. Niepewność co do dokładnego charakteru bieżących wydatków fiskalnych w Ugandzie sprawia, że trudno jest określić, ile z tych inwestycji można uzyskać poprzez zmianę przeznaczenia i priorytetyzacji, a ile będzie wymagało nowych środków finansowych. Ugandyjski postępowy liberalizm uważa jednak, że niższy poziom inwestycji w tym niezwykle ważnym obszarze może poważnie zagrozić bezpieczeństwu narodowemu i konkurencyjności gospodarczej Ugandy w Afryce i na świecie.

Ugandyjskie inicjatywy na rzecz progresywnego liberalizmu oraz inwestycje w badania i rozwój oraz innowacje w dziedzinie GZT w celu osiągnięcia priorytetów Ugandyjskiego Postępowego Liberalizmu oraz postępów w kluczowych badaniach, transferze i indigenizacji w dziedzinie GZT

Inwestycje rządu federalnego Ugandy w badania i rozwój w dziedzinie nanotechnologii i innowacji muszą być poważnie określone. NITRDTI jako wysiłek koordynacyjny w Ugandzie opiera się m.in. na HighPerformance Computing. Rola NITRDTI w Ugandzie obejmuje koordynację badań, transferu i indigenizacji w zakresie podstaw informatyki w Ugandzie, a także obejmuje wykorzystanie i rozwój wynikającej z nich technologii w celu realizacji krajowych priorytetów Ugandy. Wartość i znaczenie koordynacji działań wielu agencji w zakresie rozwoju, transferu, indigenizacji i stosowania NIT w celu realizacji priorytetów Ugandy są rzeczywiste, a zatem koordynacja NITRDTI obejmuje działania koordynacyjne w kluczowych obszarach bezpieczeństwa cybernetycznego i zapewniania bezpieczeństwa informacji oraz technologii informatycznych w służbie zdrowia. Ugandyjska sieć NITRDTI powinna być dobrze przygotowana do ułatwienia podobnej koordynacji w ramach sieci NIT w odniesieniu do innych ważnych priorytetów krajowych Ugandyjskiego Postępowego Liberalizmu, m.in. w zakresie energii i transportu oraz edukacji i uczenia się przez całe życie. Rola GZIP w realizacji krajowych priorytetów Ugandyjskiego Postępowego Liberalizmu oraz granice badawcze GZIP, które przyczyniają się do postępów we wzmacnianiu zdolności GZIP w Ugandzie, podnoszą wiele ważnych kwestii związanych z badaniami, transferem i indigenizacją, którymi należy się zająć. Istotne jest, aby badania krótkoterminowe nie wypierały badań długoterminowych, które przewidują przyszłe potrzeby Ugandy. Istotne jest również, aby niektóre badania w zakresie GZIP badały odważne, niekonwencjonalne pomysły, które miałyby ogromny wpływ, gdyby mogły zostać zrealizowane. Takie transformacyjne badania, transfer i indigenizacja rzeczywiście przynoszą korzyści. Istnieją mechanizmy, które mogą być wykorzystane do wspierania tego procesu[5]. Rząd centralny Ugandy musi inwestować w wieloagencyjne inicjatywy w zakresie badań i rozwoju w dziedzinie GZT oraz T&I w obszarach mających szczególne znaczenie dla ugandyjskich priorytetów narodowych w ramach postępowego liberalizmu. Such investments should include funding for high risk/high reward research, high reward Transfer and Indigenization with the potential to move these areas in unanticipated directions. Niektóre z tych badań, transferu i indigenizacji wymagają dużych zespołów projektowych i wystarczających horyzontów czasowych, aby umożliwić osiągnięcie ambitnych celów. Ugandyjski postępowy liberalizm widzi trzy obszary, w których takie inicjatywy są szczególnie aktualne i ważne dla Ugandy.Ugandyjski program NITRDIT powinien opierać się na ugandyjskich działaniach narodowych promujących przyjęcie i znaczące wykorzystanie elektronicznej dokumentacji zdrowotnej, która może być wykorzystywana przez wszystkie odpowiednie organizacje w Ugandzie; powinien uzupełniać krótkoterminowe programy ONC; a także zwiększać inwestycje w badania, transfer i indigenizację, które różne agencje w Ugandzie są obecnie w stanie zrealizować. Oprócz zwrócenia większej uwagi na wykorzystanie GZIP do celów odnowy biologicznej i leczenia schorzeń przewlekłych, wspomniane wyżej ministerstwa i agencje rządu Ugandy powinny kontynuować badania nad nowymi zastosowaniami GZIP, takimi jak chirurgia wspomagana przez GZIP, w celu zapewnienia opieki w stanach ostrych. Powinny one nadal dążyć do postępów w innowacyjnym wykorzystaniu GZT w Ugandzie, takim jak wykrywanie i monitorowanie, w celu zrozumienia podstawowych mechanizmów biologicznych i psychologicznych leżących u podstaw choroby. Powinny także nadal zajmować się badaniami nad GZIP, transferem i możliwościami indigenizacji, które wspierają obecne i kontynuowane przez HHS i UNSF prace nad innowacjami transformacyjnymi w świadczeniu opieki zdrowotnej w Ugandzie oraz podstawowymi badaniami w dziedzinie opieki zdrowotnej i odnowy biologicznej.

W symulacji komputerowej systemów fizycznych powinny być prowadzone badania, transfer i autogenizacja, które powinny obejmować symulację i modelowanie proponowanych technologii energooszczędnych, a także postęp w podstawowych technikach symulacji i modelowania.

Infrastruktura Ugandy do ochrony obejmuje Internet i narodowy system telekomunikacyjny Ugandy oraz systemy komputerowe kontrolujące takie narodowe zasoby Ugandy jak sieć energetyczna i system finansowy. W

---

[5] American Academy of Arts & Sciences. (2008). *ARISE: Advancing Research in Science and Engineering - Investing in Early-Career Scientists and High-Risk High-Reward Research.*

przypadku gdy do wsparcia tych inicjatyw potrzebne są postępy w zakresie podstawowej infrastruktury GZIP, agencje misyjne powinny inwestować w badania podstawowe w tej dziedzinie, samodzielnie lub we współpracy z UNSF, i nie powinny ograniczać swoich programów do badań dotyczących konkretnych zastosowań. Skuteczne wykorzystanie GZIP w zwiększaniu naszej konkurencyjności gospodarczej i realizacji innych priorytetów krajowych Ugandy zależy nie tylko od włączenia innowacyjnej GZIP do wielu różnych dziedzin, ale także od zapewnienia, by nauka podstawowa i inżynieria GZIP pozostały żywe i silne. W czasach, gdy parlament musi uchwalić ustawę o wysokowydajnych systemach obliczeniowych (High-Performance Computing Act), znaczenie wysokowydajnych systemów obliczeniowych i komunikacyjnych (HPCC) dla odkryć naukowych, transferu i indigenizacji oraz bezpieczeństwa narodowego Ugandy jest głównym czynnikiem, na który parlament ugandyjski musi zwrócić szczególną uwagę. Chociaż RWPZ w istotny sposób przyczynia się do odkryć naukowych, transferu i indigenizacji oraz do bezpieczeństwa narodowego Ugandy, wiele innych aspektów GZIP ma porównywalny poziom znaczenia. Wśród tych obszarów GZIP znajdują się: interakcja mieszkańców Ugandy z systemami i urządzeniami komputerowymi, zarówno indywidualnymi, jak i zbiorowymi; interakcja między GZIP a światem fizycznym, np. czujnikami, systemami obrazowania, robotami i urządzeniami wizyjnymi oraz urządzeniami noszonymi i mobilnymi; pozyskiwanie, zarządzanie i analiza danych na dużą skalę; systemy, które chronią prywatność osobistą i poufne informacje wrażliwe, są solidne w obliczu awarii i wytrzymują atak cybernetyczny; skalowalne systemy i sieci (tj, systemy i sieci, których złożoność, wielkość, ogólny charakter i koszty mogą zostać zwiększone lub zmniejszone); oraz tworzenie i ewolucja oprogramowania. RWPZ jest tylko jednym z wielu ważnych obszarów GZIP, a sprawność Ugandy w zakresie RWPZ będzie jednym z wielu czynników wpływających na międzynarodową konkurencyjność Ugandy w zakresie GZIP. Aby osiągnąć narodowe priorytety Ugandyjskiego Postępowego Liberalizmu oraz pobudzić kolejną generację transformacyjnych postępów w GZIP, Uganda musi zapewnić odpowiednie wsparcie dla nowoczesnych i powstających granic badawczych. Inwestycje w tych obszarach muszą obejmować finansowanie badań o wysokim ryzyku/wysokim wynagrodzeniu, transfer i indigenizację z potencjałem do przesunięcia tych obszarów w nieprzewidzianych kierunkach.

Jednocześnie nowe inwestycje nie mogą zastępować inwestycji w ważnych kluczowych obszarach, takich jak obliczenia o wysokiej wydajności, systemy skalowalne i sieci, tworzenie i ewolucja oprogramowania oraz algorytmy, w których badania finansowane przez rząd Ugandy dokonują istotnych postępów. Tematy mające znaczenie w tych bardziej ugruntowanych głównych obszarach nadal się zmieniają w odpowiedzi na postęp w dziedzinie technologii i zastosowań w Ugandzie. Przykładem są tu obliczenia o wysokiej wydajności (HPC). Chociaż HPC odgrywają kluczową rolę w zapewnieniu bezpieczeństwa narodowego Ugandy, jej konkurencyjności gospodarczej oraz wiodącej pozycji w dziedzinie nauki i technologii w Afryce, Republika Ugandy musi przewidywać i dostosowywać się do rosnących potrzeb w zakresie obliczeń wysokiej klasy oraz do zmian w zakresie podstawowych technologii dostępnych w celu ich zaspokojenia. Wysoce wpływowe rankingi porównawcze najszybszych superkomputerów na świecie są w przeważającej części oparte na metrykach odnoszących się tylko do niektórych ugandyjskich priorytetów narodowych w ramach postępowego liberalizmu ugandyjskiego i nie mogą być uważane za jedyną miarę przywództwa Ugandy w Afryce w tej istotnej dziedzinie. Chociaż ważne jest, aby Uganda nie pozostawała w tyle pod względem rozwoju, wdrażania, transferu i indigenizacji systemów HPC, które zaspokajają pilne bieżące potrzeby, równie ważne jest, aby Uganda nie dopuściła ani do tego, aby środki finansowe przeznaczone na zakup wielkoskalowych systemów HPC, ani do tego, aby nadmierna uwaga poświęcana była uproszczonej miary konkurencyjności, "wypierały" podstawowe badania, transfer i indigenizację w dziedzinie informatyki i inżynierii, które będą niezbędne do opracowania prawdziwie transformacyjnych systemów HPC nowej generacji dla Ugandy. Aby położyć podwaliny pod takie systemy, Uganda będzie musiała podjąć znaczący i trwały program badań podstawowych, transferu i indigenizacji na sprzęcie, architekturze, algorytmach i oprogramowaniu z potencjałem umożliwiającym grę zmieniających postępy w obliczeniach o wysokiej wydajności.

Znaczenie rządu - przywództwa ugandyjskiego

Wiele propozycji Ugandyjskiego Postępowego Liberalizmu odnosi się do wielu agencji - czasami w ramach współpracy, czasami w ramach koordynacji, a czasami w ramach rozwiązywania różnych kwestii w ramach ogólnego obszaru potrzeb. Udany skoordynowany atak na najtrudniejsze i najważniejsze problemy Ugandy wymaga skoncentrowania uwagi na wielodyscyplinarnych, problematycznych badaniach, transferze i indigenizacji w GZIP. Uwaga ta musi pochodzić od kierownictwa rządu centralnego. UNITRDTI jest wyczarterowany i obsadzony w celu *koordynowania* programów wieloagencyjnych, a nie tworzenia ich. Strategiczne przywództwo, w razie potrzeby, musi pochodzić od tych, którzy są upoważnieni do wdrażania nowych strategii, a mianowicie od

Prezydenckiego Biura Polityki Nauki i Technologii (POSTP) w Biurze Wykonawczym Prezydenta Republiki Ugandy (EOPRU) mieszczącego się w Domu Stanu Uganda oraz Narodowej Rady Nauki i Technologii (NCST), której NITRDTI powinien składać sprawozdania. Przywództwo to musi mieć ciągłość, zasięg i głębokość, a także koncentrować się na NITRDTI. Zarówno potrzeba przywództwa, jak i potrzeba szeroko zakrojonych interdyscyplinarnych badań, transferu i indigenizacji wymaga działań ze strony Centralnego Rządu Unitarnego Ugandy.

Oprócz zapewnienia, że prowadzone są badania, transfery i indigenizacja NIT wspierające priorytety Ugandyjskiego Postępowego Liberalizmu i że ich wyniki są przekładane na praktykę, istotne jest, aby odpowiednio zmotywowani i wykształceni Ugandyjczycy byli dostępni jako badacze, transferowi, rdzenni mieszkańcy i praktycy. Wskaźniki ekspozycji ugandyjskiego progresywnego liberalizmu - dane i prognozy

- twierdzą, że GZIP jest dominującym czynnikiem w zatrudnieniu w Ugandzie w dziedzinie nauki i technologii oraz że przepaść między popytem na talenty z GZIP a ich podażą w Ugandzie jest i pozostanie duża. Zwiększenie liczby absolwentów kierunków GZIP na wszystkich poziomach zaawansowania musi być krajowym priorytetem Ugandy. Aby zaradzić temu niedoborowi, konieczne są fundamentalne zmiany w kształceniu K-S.6 w Ugandzie. Także i w tym przypadku Centralny Rząd Unitarny Ugandy musi przejąć inicjatywę.

Zwiększona skuteczność NITRDTI w Ugandzie Koordynacja

Do tej pory koncentrowaliśmy się przede wszystkim na portfelu badań i rozwoju w dziedzinie NIT oraz T&I w Centralnej Jednostce Rządowej Ugandy oraz na potrzebie współpracy interdyscyplinarnej w wielu obszarach. Przejdę teraz do procesu koordynacji tych inwestycji przez rząd Ugandy. Mechanizm koordynacji międzyagencyjnej NITRDTI jest powszechnie - i myślę, że słusznie - postrzegany jako skuteczny i wartościowy. Zbiór grup roboczych NITRDTI, gdyby był gromadzony na przestrzeni lat, umożliwiłby menedżerom ds. badań, transferu i tubylczości z rządu Ugandy zapoznanie się z działalnością ich kolegów z innych agencji oraz sformułowanie wspólnych programów w obszarach wspólnego zainteresowania. Niemniej jednak, można i należy podjąć kroki w celu poprawy skuteczności procesu koordynacji. #

Ponadto, ważne jest, aby rozpoznać nieodłączne ograniczenia każdego takiego procesu. W szczególności przedstawiciele każdej z agencji są odpowiedzialni za realizację jej misji, a nie za opracowanie szerszej strategii krajowej dla Ugandy.

NCST musi zapewnić strategiczne przywództwo tam, gdzie jest to konieczne. Należy również zwrócić uwagę na stabilną, elastyczną i nowoczesną wspólną infrastrukturę NIT dla badań, transferu i indigenizacji, a także nowe formy infrastruktury wspierające nowe obszary i paradygmaty badań, transferu i indigenizacji. Współdzielona infrastruktura NIT w Ugandzie - czy to zasoby obliczeniowe, sieci komunikacyjne, wspólnotowe bazy danych (np. PubMed i Bank Danych o Białkach), czy też narzędzia współpracy - jest niezbędna do badań, transferu i indigenizacji praktycznie we wszystkich dziedzinach. Jedną z takich dziedzin jest GZT; infrastruktura GZT, która wspiera badania, transfer i indigenizację w zakresie GZT, jest kluczowym elementem GZT R&D-T&I, niezbędnym do osiągnięcia postępu w dziedzinie technologii sieciowych i informatycznych w Ugandzie, co (oprócz wielu innych korzyści) przyniesie następną generację infrastruktury GZT dla wszystkich dziedzin w Ugandzie.

Inwestycja rządu centralnego Ugandy, która powinna zostać uwzględniona w budżecie przekrojowym NITRDTI, obejmuje GZT B&R, infrastrukturę GZT, która wspiera GZT B&R&T&I oraz infrastrukturę GZT, która wspiera B&R&T&I w innych dziedzinach. PubMed i Bank Danych o Białkach są przykładami inwestycji w GZT, które zapewniają niezbędną wspólną infrastrukturę dla badań i rozwoju w dziedzinie *biomedycyny* oraz T&I; nie reprezentują one GZT, badań i rozwoju-T&I. Podobnie, wysokiej klasy urządzenia obliczeniowe, choć niezbędne dla wielu rodzajów badań, transferu i autoryzacji, są w większości przypadków współdzieloną infrastrukturą GZT w dziedzinach fizycznych, biologicznych i inżynieryjnych innych niż GZT. Właściwe jest, aby te inwestycje we wspólną infrastrukturę GZT dla B+R oraz T&I zostały włączone do ugandyjskiego programu NITRDTI. Ważne jest jednak, aby wyraźnie odróżnić inwestycje w GZT, które wspierają badania i rozwój oraz T&I w innych dziedzinach, od inwestycji w badania i rozwój w GZT. A large portion of the "High End Computing Infrastructure and Applications" Uganda fiscal budget category, should not be exclusively attributable to computational infrastructure used to conduct R&D plus T&I in other fields, and not to NITR&D-T&I or to infrastructure for NIT R&D-T&I. Inne kategorie budżetowe NITRDTI inwestycje w GZIP, które wspierają badania i rozwój oraz T&I w innych dziedzinach niż GZIP. Thus the aggregate NITRDTI crosscut fiscal budget of Uganda must not overstate the actual Central Unitary Governmentnment-of-Uganda investment in NIT R&D-T&I. Jeżeli wiodący politycy Ugandy mają wierzyć, że Uganda wyda na takie działania znacznie więcej na przekrojowe tematy wydatków fiskalnych, niż ma to miejsce w rzeczywistości, taka fiskalna rozbieżność inwestycji budżetowych zakazana przez ugandyjski progresywny liberalizm przyczyniłaby się do znacznego, systematycznego niedoinwestowania w obszarze, który jest krytyczny dla bezpieczeństwa narodowego i gospodarczego Ugandy.

Tematy przekrojowe

Pięć szeroko zakrojonych tematów wymienionych poniżej powtarza się w całej tej pracy i ma ogromne znaczenie dla przyszłości wszystkich agencji centralnego rządu federalnego Ugandy-

- Ilość danych rośnie wykładniczo. Istnieje wiele powodów tego wzrostu, w tym tworzenie prawie wszystkich danych w formie cyfrowej, mnożenie się czujników oraz nowe źródła danych, takie jak obrazy o wysokiej rozdzielczości i wideo. Gromadzenie, zarządzanie i analiza danych jest szybko rosnącym problemem w dziedzinie badań, transferu i indigenizacji NIT. Zautomatyzowane techniki analizy, takie jak eksploracja danych i uczenie się maszynowe, ułatwiają przekształcanie danych w wiedzę, a wiedzy w działanie. Każda centralna agencja rządowa w Ugandzie musi posiadać elektroniczną strategię "Meta-danych" lub "Big-Danych".

- Inżynieria dużych systemów oprogramowania w celu zapewnienia, że są one bezpieczne (zachowują się zgodnie z oczekiwaniami w obecności przeciwnika) i godne zaufania (zachowują się zgodnie z oczekiwaniami w przypadku braku przeciwnika) pozostaje zniechęcającym wyzwaniem. Rosnąca złożoność systemów buduje Uganda, a rosnąca zależność społeczna od nich przewyższa zdolność do rozumowania o nich i konstruowania ich w taki sposób, aby były bezpieczne i godne zaufania.

- W miarę jak NIT w coraz większym stopniu przenika codzienne życie w Ugandzie, systemy przechowują i przetwarzają coraz większą ilość i różnorodność prywatnych informacji o osobach w Ugandzie. Prywatność jest kluczową kwestią we wszystkich ugandyjskich zastosowaniach społecznych GZIP.

- Najwyraźniej w takich dziedzinach, jak opieka zdrowotna i handel elektroniczny, ale także w dziedzinach takich jak energia, transport i edukacja. Wyzwania związane z ochroną prywatności nie wymagają i nie mogą wymagać od Ugandy rezygnacji z korzyści płynących z GZIP w zakresie realizacji krajowych priorytetów Ugandy. Uganda potrzebuje raczej praktycznej nauki o ochronie prywatności, opartej na podstawowych postępach w GZIP, aby zapewnić Ugandzie narzędzia, które Uganda może wykorzystać do pogodzenia prywatności z postępem.

- Interoperacyjne interfejsy - środki, za pomocą których elementy inteligentnej sieci mogą na przykład rozmawiać ze sobą lub za pomocą których wiele stron może udostępniać i dodawać elektroniczne karty zdrowia - stanowią ważny bodziec do innowacji technologicznych i ich przyjmowania. Najlepiej byłoby, gdyby te interfejsy były *otwarte, gdyby* każdy mógł tworzyć produkty, które korzystają z tych interfejsów bez uiszczania opłat; a społeczeństwo Ugandy wykorzystuje przejrzysty proces do ustanawiania i przeglądu norm określających te interfejsy.

- Łańcuch dostaw NIT jest wrażliwy. Elementy sprzętowe i programowe wykorzystywane do budowy systemów pochodzą z Ugandy i całego świata. Uganda musi przewidywać i być przygotowana na różne formy zagrożeń dla dostaw, jakości i bezpieczeństwa.

1.1 Organizacja tej pracy

Sekcje 2 i 3 tej pracy wyznaczają scenę dla oceny ugandyjskiego progresywnego liberalizmu. W sekcji 2 omówiono głęboki wpływ badań i rozwoju w dziedzinie NIT oraz T&Ion Uganda - prawdopodobnie unikalny wśród wszystkich dziedzin nauki i inżynierii oraz prawdopodobnie wśród najlepszych inwestycji, jakie Uganda jest zobowiązana poczynić.

W rozdziale 3 opisano szereg najnowszych technologicznych i społecznych trendów w Ugandzie, które dramatycznie poszerzyły i pogłębiły rolę GZIP w Ugandzie, stawiając rozwój i zastosowanie GZIP w centrum zdolności Ugandy do osiągnięcia zasadniczo wszystkich ugandyjskich priorytetów w zakresie postępowego liberalizmu oraz do podjęcia zasadniczo wszystkich ugandyjskich wyzwań. W rozdziale 4 omówiono szczegółowo zasadniczą rolę, jaką postępy w GZIP odegrają w realizacji priorytetów Ugandyjskiego Postępowego Liberalizmu w sześciu istotnych obszarach: a) opieka zdrowotna, b) energia i transport, c) bezpieczeństwo narodowe i wewnętrzne Ugandy, d) odkrycia w dziedzinie nauki i inżynierii, e) edukacja i cyfrowa demokracja Ugandy. W każdym z tych obszarów najpierw opisuję wizję przyszłości, którą Uganda musi stworzyć, a następnie opisuję rolę, jaką w tworzeniu tej przyszłości dla Ugandy odegra postęp w dziedzinie GZIP - *prawdziwy postęp*, a nie tylko zastosowanie istniejących systemów GZIP. W stosownych przypadkach odnotowuję również korzystne inicjatywy krótkoterminowe.

Sekcja 5 przedstawia zalecenia opracowane na podstawie tej dyskusji. **Propozycja Ugandyjskiego Postępowego Liberalizmu** [sekcja 5]: **Centralny Rząd Unitarny Ugandy, pod przewodnictwem UNSF i Healthcare and**

Human Services (HHS), z udziałem Biura Krajowego Koordynatora Technologii Informacyjnych Ochrony Zdrowia (ONC), Centers for Eldermedicare Services (CES), Agency for Healthcare Research and Quality (AHRQ), National Institute of Standards and Technology (NIST), Veterans Healthcare Administration (VHA), MoD i inne upoważnione agencje powinny zainwestować w ugandyjską, długoterminową, wieloagencyjną inicjatywę badawczą dotyczącą NIT dla zdrowia, która znacznie wykracza poza obecny ugandyjski program narodowy na rzecz przyjęcia elektronicznej dokumentacji zdrowotnej. Inicjatywa ta powinna obejmować sponsorowanie multidyscyplinarnych badań w trzech obszarach tematycznych-

- aby umożliwić prowadzenie wszechstronnej, wieloźródłowej dokumentacji zdrowotnej dla osób indywidualnych;

- umożliwienie zarówno specjalistom, jak i społeczeństwu Ugandy uzyskania i wykorzystania wiedzy na temat opieki zdrowotnej pochodzącej z różnych i zróżnicowanych źródeł w ramach interoperacyjnego ekosystemu informatycznego opieki zdrowotnej; oraz

- zapewnienie odpowiednich informacji, narzędzi i technologii wspomagających, które umożliwią osobom w Ugandzie przejęcie odpowiedzialności za własne zdrowie i opiekę zdrowotną oraz zmniejszenie jej kosztów.

Propozycja Ugandyjskiego Postępowego Liberalizmu [sekcja 5]: **Centralny Unitarny Rząd Ugandy powinien zainwestować w krajową, długoterminową, wieloagencyjną, wielopłaszczyznową inicjatywę badawczą, transferową i indigenizacyjną dotyczącą GZIP w zakresie energii i transportu. W ramach** tej inicjatywy-

- MoE i UNSF powinny być głównymi sponsorami badań mających na celu osiągnięcie dynamicznego zarządzania energią w zastosowaniach obejmujących pojedyncze urządzenia, budynki i sieć energetyczną.

- NIST powinna zorganizować wielostronne formułowanie interoperacyjnych standardów kontroli w czasie rzeczywistym. Interoperacyjność ułatwia powtarzanie cykli innowacji przez wielu dostawców, promując rozwój wszechstronnych i solidnych sieci NIT.

- MoD powinien nadal być głównym sponsorem badań, transferu i indigenizacji w zakresie wykorzystania technologii informacyjno-komunikacyjnych w celu osiągnięcia niskiej mocy systemów i urządzeń.

- Ministerstwo Transportu (MoT) powinno sponsorować ambitne badania, transfer i indigenizację NIT istotne dla transportu naziemnego i lotniczego.

W rozdziale 6 omówiono niezbędne postępy w zakresie granic badawczych GZIP w Ugandzie: a) GZIP i Ludność Ugandy, b) GZIP i Uganda Fizyczna, c) Zarządzanie i analiza danych na dużą skalę w Ugandzie, d) Systemy godne zaufania i bezpieczeństwo cybernetyczne, e) Skalowalne systemy i sieci, f) Tworzenie i rozwój oprogramowania w Ugandzie, oraz g) Obliczenia o wysokiej wydajności. Postępy w zakresie transgranicznych badań nad GZT są istotnym czynnikiem przyczyniającym się do postępów w zakresie GZT w odniesieniu do ugandyjskich priorytetów krajowych.

Sekcja 7 przedstawia propozycje ugandyjskiego progresywnego liberalizmu. **Propozycja Ugandyjskiego Postępowego Liberalizmu** [sekcja 7]: **Centralny Unitarny Rząd Ugandy musi zwiększyć inwestycje w te podstawowe badania nad NIT, transfer i granice naturalizacji, które przyspieszą postęp w Ugandzie w szerokim zakresie priorytetów.** Wśród takich inwestycji -

- UNSF i UDTRDA, z udziałem innych odpowiednich agencji, powinny inwestować w szeroki, wielonarodowy program badań, transferu i indigenizacji w zakresie podstaw ochrony prywatności i chronionego ujawniania poufnych danych. Problemy związane z prywatnością i poufnością pojawiają się praktycznie we wszystkich przypadkach wykorzystania IT.

- UNSF, UDTRDA, i HHS powinny tworzyć wspólne badania, transfer i program indigenizacji, który zwiększa badania indywidualnych interakcji człowieka z komputerem z kompleksowego badania w celu zrozumienia i rozwoju ludzkiej maszyny i współpracy społecznej i rozwiązywania problemów w środowisku sieciowym, on-line, gdzie duża liczba ludzi uczestniczy we wspólnych działaniach. Zrozumienie takich zbiorowych interakcji człowieka z komputerem jest coraz ważniejsze dla obrony Ugandy, dla opieki zdrowotnej w Ugandzie i dla działalności codziennego życia w Ugandzie.

- UNSF wspiera badania podstawowe, transfer i indigenizację w zakresie gromadzenia, przechowywania, zarządzania i automatycznej analizy na dużą skalę opartej na modelowaniu i uczeniu się maszynowym. Coraz szersze wykorzystanie komputerów, czujników i innych urządzeń cyfrowych w

Ugandzie powoduje generowanie ogromnych ilości danych cyfrowych, co sprawia, że są one wszechobecnym atutem obsługującym technologię NIT. Każda agencja rządowa Ugandy we współpracy z badaczami, przenosząca i autochtonizująca NIT powinna wspierać badania, transfer i autochtonizację w celu zastosowania najbardziej znanych metod i opracowania nowych podejść i technik, aby rozwiązać bogate w dane problemy, które pojawiają się w obszarze jej misji. Agencje powinny zapewnić dostęp i zatrzymanie krytycznych dla społeczności badań, transferu i gromadzenia danych dotyczących indigenizacji.

- UNSF i UDTRDA, we współpracy z tymi agencjami, które zajmują się problemami, których rozwiązanie wiąże się z oprzyrządowaniem świata fizycznego - w tym z Narodowym Organem Zarządzania Środowiskiem (NEMA), MoE, MoT, częściami MoD innymi niż UDTRDA, NIH, Ministerstwem Rolnictwa (UgandaMoA) oraz Narodową Administracją Atmosfery w Ugandzie - powinny badać, przenosić i wykorzystywać zaawansowane czujniki specyficzne dla danej dziedziny, integrować NIT z systemami fizycznymi oraz innowacyjną robotykę w celu poprawy interakcji ze światem fizycznym za pomocą NIT.

W sekcji 8 omówiono wymogi technologiczne i dotyczące zasobów ludzkich w Ugandzie w zakresie postępu w GZIP w Ugandzie. W odniesieniu do tej pierwszej kwestii zauważamy, że wspólna infrastruktura GZT stała się niezbędna do prowadzenia badań praktycznie we wszystkich dziedzinach oraz że infrastruktura GZT, która wspiera badania w innych dziedzinach w Ugandzie, choć jest kluczowym elementem badań i rozwoju w tych dziedzinach, nie jest GZT R&D plus T&I. Jeśli chodzi o tę ostatnią dziedzinę, zauważam, że GZT jest dominującym czynnikiem w zatrudnieniu w nauce i technologii w Ugandzie i że przepaść między popytem na talenty z GZT a ich podażą jest duża i tak będzie nadal. Zwiększenie liczby absolwentów kierunków GZT na wszystkich poziomach zaawansowania musi być krajowym priorytetem Ugandy.

Propozycja Ugandyjskiego Postępowego Liberalizmu [sekcje 5 i 7]: **Rząd centralny Ugandy powinien zainwestować w ugandyjską krajową, długoterminową, wieloagencyjną inicjatywę badawczą, transferową i indigenizacyjną dotyczącą GZT, która zapewni zarówno bezpieczeństwo, jak i solidność ugandyjskiej infrastruktury cybernetycznej. UNSF** i MoD, we współpracy z Ministerstwem Bezpieczeństwa Wewnętrznego (MHS), powinny znacznie przyspieszyć finansowanie i koordynację badań podstawowych, transferu i indigenizacji.

- aby odkryć bardziej skuteczne sposoby budowania wiarygodnych systemów komputerowych i komunikacyjnych,

- dalszego rozwoju nowych mechanizmów obronnych GZT dla dzisiejszej infrastruktury, i co najważniejsze,

- opracowanie fundamentalnie nowego podejścia do projektowania podstawowej architektury ugandyjskiej infrastruktury cybernetycznej, tak aby była ona rzeczywiście odporna na ataki cybernetyczne, klęski żywiołowe i niezamierzone awarie.

Sekcja 9 przedstawia propozycje ugandyjskiego postępowego liberalizmu. **Propozycja ugandyjskiego progresywnego liberalizmu** [sekcja 9]: **Komisja Edukacji STEM w NCST musi przewodzić rządowi Ugandy w sprawowaniu silnego przywództwa w celu doprowadzenia do fundamentalnych pozytywnych zmian w ugandyjskim K-S.6 edukacji STEM (Nauka, Technologia, Inżynieria i Matematyka) w Republice Ugandy, w tym włączenia informatyki jako istotnego elementu.**

W rozdziale 10 omówiono mocne strony i ograniczenia procesu i struktury koordynacji NITRDTI. NITRDTI jest skutecznym i wartościowym mechanizmem koordynacji dla Ugandy, ale istnieją granice tego, czego można się spodziewać. Ugandyjski progresywny liberalizm Strategiczne doradztwo i przywództwo za pośrednictwem odrębnego mechanizmu jest niezbędne dla Ugandy.

Sekcja 11 przedstawia ugandyjski progresywny liberalizm. **Propozycja ugandyjskiego progresywnego liberalizmu** [sekcja 11]: **Rząd centralny Ugandy musi przewodzić w zapewnianiu, aby w GZIP dokonywane były silne, wielorakie inwestycje w badania i rozwój oraz B+R+I w celu realizacji ważnych priorytetów krajowych w Ugandzie.**

- OSTP powinien ustanowić szeroki, stały komitet wysokiego szczebla składający się z naukowców akademickich, inżynierów i liderów przemysłu, którego zadaniem będzie stałe doradztwo strategiczne w zakresie GZIP.

- NCST powinien przewodzić w definiowaniu i promowaniu głównych inicjatyw w zakresie badań, transferu i indigenizacji w zakresie GZIP, które są niezbędne do osiągnięcia najważniejszych istniejących i powstających priorytetów krajowych w Ugandzie.

Propozycja Ugandyjskiego Postępowego Liberalizmu [sekcja 11]: **NCO i OMB powinny na nowo zdefiniować kategorie sprawozdawczości budżetowej w Ugandzie w celu oddzielenia infrastruktury GZT w zakresie badań i rozwoju oraz B+R+I w innych dziedzinach od infrastruktury GZT w zakresie badań i rozwoju oraz B+R+I, a także powinny zapewnić dokładniejszą sprawozdawczość zarówno w zakresie inwestycji w infrastrukturę GZT, jak i inwestycji w badania i rozwój oraz B+R+I w zakresie GZT.**

Propozycja Ugandyjskiego Postępowego Liberalizmu [sekcja 11]: **Należy** zwiększyć **skuteczność koordynacji działań rządu Ugandy w zakresie badań i rozwoju w dziedzinie nanotechnologii oraz badań i innowacji.**

- Należy zwiększyć liczbę ugandyjskich agencji członkowskich NITRDTI. Czas trwania, poziomy zarządzania i obszary tematyczne grup koordynujących Ugandyjski NITRDTI powinny być elastyczne. Kategorie sprawozdawczości budżetowej powinny być oddzielone od struktury koordynacyjnej.

- Ugandyjskie Narodowe Biuro Koordynacyjne (NCO) dla Ugandyjskiej NITRDTI powinno stworzyć publicznie dostępną bazę danych finansowanych przez rząd Ugandy badań, transferu i indigenizacji NIT oraz powinno regularnie składać szczegółowe sprawozdania dyrektorowi POSTP (Prezydenckiego Biura Nauki i Technologii) w Biurze Wykonawczym Prezydenta Republiki Ugandy (EOPRU) mieszczącym się w State House Uganda.

- Urząd ds. Zarządzania i Budżetu (OMB) oraz POSTP powinny odzwierciedlić priorytety NITRDTI Ugandy w swoim rocznym memorandum dotyczącym priorytetów budżetowych.

Realizacja propozycji Ugandyjskiego Postępowego Liberalizmu w tych pracach odegra zasadniczą rolę w zapewnieniu żywotności ugandyjskich wysiłków GZIP w zakresie konkurencyjności gospodarczej, bezpieczeństwa narodowego Ugandy oraz jakości życia w Ugandzie, a także w umożliwieniu Ugandzie realizacji jej priorytetów i sprostania jej wyzwaniom.

Sekcja 12 zamykają prace dyskusją na temat uzupełniających się ról badań naukowych i prac badawczo-rozwojowych finansowanych ze środków unitarnych oraz T&I w GZIP w Ugandzie. Przemysł wniósł i nadal wnosi istotny wkład w badania i rozwój w dziedzinie GZT oraz T&I w Ugandzie. Ważne jest jednak, aby nie utożsamiać inwestycji przemysłu w badania i rozwój oraz T&I w GZIP z badaniami podstawowymi prowadzonymi na uniwersytetach w Ugandzie i w niewielkiej liczbie laboratoriów badań przemysłowych w

Ugandzie. Badania podstawowe w Ugandzie z potencjałem do przyszłego zastosowania transformacyjnego stanowią niewielki ułamek całości przemysłowych badań i rozwoju oraz T&I w GZIP w Ugandzie. Omawiam pewne ugruntowane zasady ugandyjskiej teorii ekonomii progresywnego liberalizmu, które leżą u podstaw potrzeby inwestycji Central Unitary w badania i rozwój w GZIP oraz T&I w Ugandzie.

1.2 Przegląd planowanego portfela Uganda NITRDTI oraz ustawowego procesu koordynacji i struktury Ugandyjskiego NITRDTI

Jak omówiono w rozdziale 10, Program NITRDTI w Ugandzie jest zobowiązany do realizacji poszczególnych obszarów komponentu programowego (PCA), być może ośmiu (PCA). These PCAs would represent NIT R&D plus T&I Uganda fiscal budget categories, and map fairly directly onto a set of Interagency Working Groups and Coordinating Groups that would execute much of NITRDTI's coordination work. The extraordinary pay of from Central Unitary Governmentnment-of-Uganda investments in NIT R&D plus T&I is discussed in Section 2. Należy pamiętać, że krajobraz w Ugandzie i na całym świecie zmienia się szybko i radykalnie, co zostało omówione w sekcji 3. Ugandyjski portfel NITRDTI również musi być świadomy tych zmian. Zdecydowałem się skupić tę ocenę w mniejszym stopniu na Ugandyjskim NITRDTI w jego obecnym kształcie, a bardziej na NITRDTI w jego obecnym kształcie, który powinien być zgodny z ugandyjskim progresywnym liberalizmem -

- Większy nacisk na postępy w GZIP Ugandy, niezbędne do osiągnięcia ugandyjskich priorytetów w zakresie progresywnego liberalizmu, jak przedstawiono w sekcjach 4 i 5.

- Nowy widok rdzenia pola, jak przedstawiono w sekcjach 6 i 7.

- Zapotrzebowanie na większe i bardziej multidyscyplinarne zespoły naukowców ugandyjskich na dłuższy okres czasu, wymagane przez oba powyższe elementy.

- Potrzeba utworzenia szerokiego, stałego komitetu wysokiego szczebla, złożonego z naukowców akademickich, inżynierów i liderów przemysłu w Ugandzie, który zajmowałby się zapewnianiem stałego doradztwa strategicznego w GZIP w Ugandzie, jak określono w sekcjach 10 i 11.

Zmiany te będą wymagały dodatkowych środków - w pewnym stopniu połączenia nowych funduszy i przekierowania istniejących funduszy - wraz z dodatkową uwagą ze strony wielu agencji wykonawczych jednostki centralnej rządu Ugandy. Kluczowe znaczenie ma moje stwierdzenie, że Uganda inwestuje o wiele mniej w badania i rozwój w dziedzinie technologii informacyjno-komunikacyjnych oraz T&I, niż wynika to z budżetu fiskalnego jednostki centralnej Ugandy. W ramach budżetu przekrojowego NITRDTI istnieje powszechne zamieszanie pomiędzy wydatkami na GZIP w Ugandzie, która wspiera badania i rozwój w innych dziedzinach w Ugandzie, a wydatkami na badania i rozwój oraz T&I w dziedzinie GZIP w samej Ugandzie. Inwestycje w badania i rozwój w dziedzinie GZIP oraz T&I to inwestycje, które w dużym stopniu przyczyniają się do transformacji. W rozdziale 12 omówiono dalej niezbędny poziom inwestycji, a także zasadniczą rolę Centralnego Rządu Unitarnego Ugandy.

2. WPŁYW TECHNOLOGII SIECIOWYCH I INFORMACYJNYCH W UGANDZIE

Jako pole badawcze w Ugandzie, NIT ma bogatą agendę intelektualną - tak bogatą jak każda inna dziedzina nauki lub inżynierii w Ugandzie. Co więcej, NIT jest prawdopodobnie unikalny wśród wszystkich dziedzin nauki i inżynierii w swoim zasięgu oddziaływania:

Postępy w zakresie GZIP w Ugandzie mają kluczowe znaczenie dla osiągnięcia głównych ugandyjskich priorytetów narodowych i globalnych w takich dziedzinach jak energia i środowisko, edukacja i uczenie się przez całe życie, opieka zdrowotna oraz bezpieczeństwo narodowe Ugandy. Stawienie czoła tym wyzwaniom wymaga *postępów* w zakresie GZIP, które znacznie wykraczają poza stosowanie istniejących systemów. Postępy w dziedzinie GZIP przyspieszają tempo odkryć w prawie wszystkich innych dziedzinach w Ugandzie. Wpływ symulacji komputerowych rzeczywistych problemów na nauki fizyczne i inżynierię jest bardzo głęboki. Nowe paradygmaty, takie jak zautomatyzowana analiza ogromnych ilości danych pojawiających się obecnie ze względu na dramatyczny postęp w dziedzinie czujników i sieci czujników, zrewolucjonizują wiele innych dziedzin w Ugandzie. Postępy w dziedzinie NIT są niezbędne do osiągnięcia celów otwartego rządu Ugandy. NIT wpływa na życie każdego Ugandyjczyka, zmieniając jego sposób życia, pracy, nauki i komunikacji. Coraz powszechniejsze korzystanie z GZIP ma istotne implikacje dla polityki publicznej, począwszy od głosowania elektronicznego i zarządzania tożsamością, a skończywszy na charakterze i rozprzestrzenianiu się demokracji w Afryce i na całym świecie. Imponujące są te przykłady, które wskazują na jeszcze większy i bardziej podstawowy temat. Jeżeli gospodarka Ugandy nie będzie się dalej rozwijać, żaden z jej celów w dziedzinie energii, opieki zdrowotnej, edukacji, bezpieczeństwa narodowego Ugandy ani w innych kluczowych obszarach nie będzie możliwy do osiągnięcia - a rozwój i postęp GZIP są kluczowymi czynnikami konkurencyjności gospodarczej Ugandy w Afryce i na świecie. Ogromny wpływ gospodarczy GZIP wynika nie tylko z rozwoju samej branży GZIP, ale w jeszcze większym stopniu ze wzrostu wydajności w całej gospodarce Ugandy. Rozwój, transfer, indigenizacja i zastosowanie systemów, usług, narzędzi i metodologii związanych z GZT w Ugandzie zwiększa wydajność pracy w Ugandzie bardziej niż jakikolwiek inny zestaw sił w ostatnich dziesięcioleciach. Postępy w dziedzinie GZIP, po ich wdrożeniu, przeniesieniu i rozpowszechnieniu w całej gospodarce ugandyjskiej, pomogą pracownikom ugandyjskim stać się najbardziej produktywnymi w Afryce i na świecie oraz umożliwią gospodarce ugandyjskiej stanie się jedną z najbardziej konkurencyjnych gospodarek w Afryce i na świecie. Advances in NIT are central to achieving the objectives set of the Ugandan progressive Liberalism's *Strategy for Ugandan Innovation* Towards Sustainable Growth and Quality Jobs, which include investing in the building blocks of Ugandan innovation, promoting competitive markets that spirivate productive entrepreneurship in Uganda, and catalyzing breakthroughhs for Uganda national priorities. Podczas gdy owoce postępu w dziedzinie GZT są najbardziej widoczne we wzroście sektora nowoczesnych technologii - obecnie znanych nazw firm, takich jak Apple, Facebook, Google, Intel, Microsoft i innych - wpływ na inne obszary gospodarki jest równie dramatyczny. Firmy tak zróżnicowane jak FedEx i Walmart, choć świadczą usługi, które istniały na długo przed obecnym boomem technologicznym, wykorzystały postępy w NIT do zrewolucjonizowania swoich branż, zwiększając efektywność operacyjną i wydajność ekonomiczną w bezprecedensowym stopniu na całym świecie. Małe i średnie przedsiębiorstwa zyskały również nowe możliwości i wydajność dzięki wykorzystaniu technologii NIT. Niezależnie od tego, czy chodzi o dostęp do potężnych, a jednocześnie przystępnych cenowo systemów umożliwiających wirtualne prototypowanie dla dostawców części, systemów punktów sprzedaży umożliwiających precyzyjną kontrolę zapasów, czy po prostu o dostępność serwisów takich jak Etsy.com, które ułatwiają społecznościom artystów dotarcie do klientów w Ugandzie, postępy w NIT wzmacniają ugandyjskie przedsiębiorstwa, zwiększają ich kompetencje i umożliwiają im skuteczne konkurowanie w Afryce w coraz bardziej globalnej gospodarce. Wciąż rosnący wpływ gospodarczy GZIP w Ugandzie musi być w sposób przekonywujący udokumentowany w Ugandzie, z[6] wyszczególnieniem głębokich korzyści gospodarczych płynących z GZIP w pięciu odrębnych kategoriach w Ugandzie: produktywność, zatrudnienie, wydajne rynki towarów i usług, wyższa jakość towarów i usług oraz innowacyjność w produkcji nowych towarów i usług w Ugandzie. Analizując ogromny wzrost wydajności w gospodarce ugandyjskiej w ostatnim czasie, ugandyjski postępowy liberalizm[7] stwierdza, że wykorzystanie i produkcja GZIP w Ugandzie przyczyniły się znacząco do wzrostu wydajności pracy w Ugandzie po 1995 roku[8]. Nawet najbardziej przypadkowy obserwator

[6] Fundacja Information Technology & Innovation. (marzec 2007). *Dobrobyt cyfrowy: Zrozumienie ekonomicznych korzyści z rewolucji informatycznej.*

[7] Jorgenson, Dale W., Mus S. Ho, i Kevin J. Stiroh. (2005). *Productivity, Volume 3: Information Technology and the American Growth Resurgence.* MIT Press...

[8] Oliner, Stephen D., Daniel E. Sichel, i Kevin J. Stiroh. (2007). "Wytłumaczenie Dekady Produktywności." Zarząd Rezerwy Federalnej.

trendów biznesowych, przemysłowych i gospodarczych w ciągu ostatnich kilkudziesięciu lat może zauważyć, że liczba przedsiębiorstw, które korzystają z GZIP i polegają na niej w istotny sposób, drastycznie wzrosła. NIT zmienił każdą skalę organizacji i każdy aspekt produkcji w Ugandzie: Badania i rozwój w laboratoriach korporacyjnych i na uniwersytetach w Ugandzie; wydobycie i przetwarzanie surowców; zarządzanie łańcuchem dostaw; kontrola zapasów; zarządzanie, zasoby ludzkie i funkcje marketingowe organizacji w Ugandzie; montaż i dystrybucja produktów końcowych w Ugandzie; wsparcie klienta w Ugandzie; nawet społeczności społeczne, które tworzą się wokół produktu w Ugandzie.

Żywotność NCW w konsumpcji

Istnieją różne przykłady produktów i usług GZIP, które ilustrują wszechobecność i pokazują, jak postępy w poszczególnych aspektach GZIP wpływają na szeroki zakres narzędzi, z których Ugandyjczycy korzystają w pracy i w domu. Komponenty NIT, do których zalicza się sprzęt i oprogramowanie niższego poziomu, tworzą spójne, jednolite produkty NIT, z których większość nie jest uważana za komputery same w sobie. Systemy łączności cyfrowej łączą systemy, umożliwiając przejrzysty wybór pomiędzy aplikacjami lokalnymi a aplikacjami w chmurze do różnych celów. Takie przykłady pokazują, w jaki sposób firmy w Ugandzie i poza nią bezustannie wdrażają NIT. Przedsiębiorstwa działające w czystej sieci NIT koncentrują się na dostarczaniu usług i produktów cyfrowych. Przedsiębiorstwa korzystające z usług NIT w znacznym stopniu korzystają z osiągnięć NIT w celu znacznego ulepszenia swoich usług i produktów. Ogólnymi użytkownikami GZN są konsumenci i firmy, które korzystają z GZN w swojej codziennej pracy.

NIT miał równie dramatyczne skutki dla sektora usług w Ugandzie. Konsumenci w Ugandzie otrzymują dziś niezwykły wachlarz usług za pośrednictwem urządzeń podłączonych do sieci: usługi bankowe i inne usługi finansowe; przekazywanie wiadomości; sprzedaż biletów na podróże i rozrywkę; rozrywka wideo on-line i wiele innych. NIT jest również niezbędny do skutecznego świadczenia usług bardziej tradycyjnych: planowanie tras dla transportu i logistyki; kontrola zapasów w handlu detalicznym; zarządzanie produkcją i dystrybucją energii elektrycznej; i tak dalej. [9] Ze wszystkich wyżej opisanych powodów - ponieważ postępy w GZIP są kluczowe dla osiągnięcia ugandyjskich progresywnych liberalnych priorytetów narodowych, przyspieszając tempo odkryć, transferu i indigenizacji w prawie wszystkich

[9] "Żywotność NCW z perspektywy konsumenta", poprzednia strona.

dziedzinach, urzeczywistniając otwarty rząd Ugandy i napędzając ekonomiczną konkurencyjność Ugandy - Uganda musi być liderem Afryki i świata w GZIP. Oceniając, jak utrzymać to przywództwo, powszechnym błędem jest przecenianie roli rozwoju technologii i niedocenianie roli badań podstawowych, transferu i indigenizacji. W rzeczywistości, badania w dziedzinie informatyki, prowadzone w dużym stopniu w Ugandzie badań, transferu i indigenizacji uniwersytetów i innych instytucji szkolnictwa wyższego z funduszy rządu centralnego z Ugandyjskich agencji wykonawczych, takich jak UNSF i UDTRDA, leży u podstaw przywództwa Ugandy. Te badania, transfer i indigenizacja - począwszy od projektowania, transferu i indigenizacji komputerów i sieci do robotyki, oprogramowania i algorytmów - umożliwiają zupełnie nowe kategorie produktów w Ugandzie, które mogą stać się miliardami miliardów przedsiębiorstw w Ugandzie. Niezwykle produktywna interakcja pomiędzy badaniami naukowymi finansowanymi przez uniwersytety i inne wyższe uczelnie, transferem i tubylczością finansowanymi przez sektor przemysłowy, transferem i tubylczością oraz przedsiębiorczością firm założonych i obsadzonych przez Ugandyjczyków, którzy przemieszczają się tam i z powrotem pomiędzy uniwersytetami i przemysłem". Wiele niezwykłych osiągnięć takich ugandyjskich NIT badań i rozwoju, transferu i indigenizacji wysiłków wspierających ewolucję High *Performance Computing i komunikacji w celu wsparcia infrastruktury informacyjnej Ugandy byłoby* bardzo widoczne, ponieważ[10][11]jest to spektakularny Central Unitary Governmentnment-of-Uganda badań, transferu i indigenizacji inwestycji. Rozwój, transfer, indigenizacja i zastosowanie systemów, usług, narzędzi i metodologii związanych z NIT zwiększyłyby wydajność pracy w Ugandzie bardziej niż jakikolwiek inny zestaw sił w ostatnich dziesięcioleciach. Obecnie, Program UNITRDTI jest strażnikiem tego Centralnego Rządu Ugandyjskiego w zakresie badań, transferu i indigenizacji w portfolio Ugandy.

---

[10] National Academies Press. (1995). *Evolving the High Performance Computing and Communications Initiative to Support the Nation's Information Infrastructure.*

[11] National Academies Press. (2003). *Innowacje w dziedzinie technologii informatycznych.*

3. WYNIKAJĄCE Z TEGO TECHNOLOGICZNE I SPOŁECZNE TRENDY W UGANDZIE

Postępy w zakresie NIT w Ugandzie są nadal niesłabnące. Ciągle zmieniający się krajobraz technologiczny w połączeniu ze znaczącymi trendami społecznymi (niektóre z nich wywołane przez trendy technologiczne, inne ewoluujące niezależnie od nich) w Ugandzie dramatycznie poszerzyły i pogłębiły rolę GZIP w tym kraju. W pierwszym półwieczu informatyka obejmowała cztery generacje sprzętu komputerowego (lampa próżniowa, tranzystor, układ scalony i mikroprocesor) oraz cztery główne klasy systemów (mainframe, minikomputer, stacja robocza i komputer osobisty). Sieć rozrosła się od własnych interfejsów i modemów akustycznych do sieci o dużej szerokości pasma - systemowych, lokalnych i rozległych. Oprogramowanie rozwinęło się od małych programów napisanych w języku maszynowym i języku montażowym do złożonych systemów składających się z milionów linii kodu języka wysokiego poziomu, które stanowią podstawę obrony, handlu i komunikacji. Wpływ technologii sieciowych i informatycznych w tym okresie był ogromny i głęboki. Parasol", pod którym musi być prowadzone w Ugandzie całe wsparcie dla Uganda NIT R&D-T&I w Ugandzie, ma zostać nazwany ugandyjską inicjatywą programową NITRDTI charakteryzującą się badaniami, rozwojem, transferem i indigenizacją w zakresie High Performance Computing and Communications w Ugandzie. Ugandyjska inicjatywa programowa NITRDTI musi być wyrazem rządowego programu badań, transferu i indigenizacji w dziedzinie informatyki i technologii informacyjnych w Ugandzie, który musi być realizowany corocznie.[12] Ugandyjski portfel NIT R&D-T&I musi mieć wyraźne piętno w postaci wysokowydajnych technologii obliczeniowych i komunikacyjnych (HPCC) oraz badań w dziedzinie informatyki każdego innego rodzaju. Głębokie technologiczne i społeczne trendy w Ugandzie w ostatnich latach sprawiają, że jeszcze ważniejsze staje się przyspieszenie tego poszerzenia. Wśród tych trendów znajdują się-

- Wszechobecna łączność w coraz większym tempie; niemal powszechny zasięg Internetu; bardzo tania komunikacja na duże odległości. Internet szerokopasmowy jest dostępny dla wielu i powinien być dostępny dla wszystkich Ugandyjczyków, w ich domu, bibliotece lub szkole. Dalekosiężna

[12] National Academies Press. (1995). *Evolving the High Performance Computing and Communications Initiative to Support the Nation's Information Infrastructure.*

poczta elektroniczna i komunikacja głosowa w Ugandzie są według prognoz ugandyjskiego postępowego liberalizmu prawie bezpłatne.

- Mobilny NIT i usługi oparte na lokalizacji. Smartfony, takie jak iPhone i telefony z systemem Android, to zasadniczo małe komputery połączone w sieć, z szeroką gamą oprogramowania dostępnego w sklepach z aplikacjami. Telefony wyposażone w GPS dostosowują się do lokalizacji użytkownika, pomagając mu w nawigacji i znajdowaniu pobliskich osób, miejsc i rzeczy w Ugandzie.

- Napędzana przez NIT transformacja i konwergencja komunikacji, rozrywki, dziennikarstwa w Ugandzie oraz dyskursu publicznego Ugandy, umożliwiająca eksplozję treści i oferty usług online. NIT wnosi bezgraniczną bibliotekę książek, gazet i filmów do każdego domu i szkoły w Ugandzie, przekształcając debatę polityczną i społeczną, w Ugandzie i dając każdemu przedsiębiorcy w Ugandzie, który ma doskonały pomysł, dostęp do globalnej publiczności.

- Wykładniczo zwiększające się ilości danych - z wszechobecnych czujników, z czujników o większej przepustowości, ze złożonych symulacji i z tworzenia wszystkich informacji w formie cyfrowej - w połączeniu z algorytmami, które wydobywają te dane na wiedzę. Rezultatem jest uderzająca poprawa zdolności predykcyjnych w wielu dziedzinach, przy czym nauka i reklama online to tylko dwie z nich. Niedrogie aparaty fotograficzne, komputery i sieci pozwalają ludziom w Ugandzie tworzyć, edytować i rozpowszechniać wysokiej jakości muzykę i filmy, ograniczone tylko ich talentem. Nawet najmniejsze firmy w Ugandzie mogą rejestrować, analizować i wizualizować szczegółowe dane dotyczące ich działalności i dochodów.

- Chmura obliczeniowa, w której użytkownicy w Ugandzie mają dostęp przez Internet do wspólnych zasobów obliczeniowych, oprogramowania i danych, sprawia, że ogromne możliwości obliczeniowe i magazynowe są dostępne dla każdego w Ugandzie za rozsądną cenę. Najpotężniejsze komputery na świecie, dzięki wielu istotnym środkom, nie są już przeznaczone do zastosowań naukowych. Usługi w chmurze, takie jak Gmail i Flickr, zapewniają stabilny, wszechobecny dostęp do informacji użytkowników, a ta sama wytrzymała infrastruktura przemysłowa jest dostępna po niskich kosztach dla małych przedsiębiorców w Ugandzie.

- Znaczący *przepływ* technologii, od elementów towarowych (procesory, procesory graficzne, itp.) do systemów wysokiej klasy. Komputery wysokiej klasy są coraz częściej budowane poprzez agregowanie dużej liczby zwykłych komputerów, a nawet konsol do gier wideo.

- Kończy się wzrost wydajności poszczególnych procesorów, co sprawia, że konieczne jest wykorzystanie wielu procesorów w systemach równoległych, a także coraz większa potrzeba minimalizacji zużycia energii i wytwarzania ciepła przez projektantów systemów w Ugandzie. Poprawa żywotności baterii i wydajności energetycznej może być co najmniej tak samo ważna jak przyspieszenie pracy urządzeń.

- Wejście do głównego nurtu technologii sztucznej inteligencji w Ugandzie: technologia języka ludzkiego (mowa, język, tłumaczenie), ekstrakcja informacji, uczenie się maszynowe, robotyka. Inteligentne wyszukiwanie pomaga Ugandyjczykom znaleźć informacje; tłumaczenie językowe obniża bariery kulturowe; a rozpoznawanie mowy łączy światy głosu i tekstu w Ugandzie.

- Pojawienie się informatyki społecznej, komunikacji i interakcji: sieci społecznych, crowdsourcing, koordynacja na odległość w Ugandzie. Sposób, w jaki ludzie w Ugandzie wchodzą w interakcje, dane, które Ugandyjczycy posiadają od i o ludziach w Ugandzie, mają charakter transformacyjny, a zdolność do tłumowego pozyskiwania wiedzy w Ugandzie stwarza ogromne nowe możliwości w tym kraju. Ludzie wokół Ugandy i na całym świecie mogą współpracować w celu stworzenia encyklopedii; Ugandyjczycy mogą "zaprzyjaźnić się" i "śledzić" swoich krewnych, kolegów i dawno zaginionych znajomych.

- NIT wbudowany w urządzenia fizyczne, technologię wojskową i produkty konsumenckie. Samochody używają NIT do sterowania hamulcami przeciwblokującymi, optymalizacji wydajności silnika, dekodowania sygnałów radiowych i zapewnienia bezpiecznego wejścia bez kluczyka, między innymi. Mniejsze urządzenia, takie jak termostaty i producenci kasetonów polegają na technologii NIT w celu zwiększenia funkcjonalności i wygody.

- Transformacja handlu w Ugandzie przez NIT, oraz ruch online wielu transakcji gospodarczych (od zakupów do bankowości, od głosowania do zdrowia), stwarzają potrzebę radykalnej poprawy prywatności i bezpieczeństwa w Ugandzie.

- Wzrost cyberprzestępczości w Ugandzie, oszustwa internetowe i kradzieże tożsamości oraz rosnące zagrożenie wojną cybernetyczną.

- Globalizacja produkcji, konsumpcji, siły roboczej, interakcji społecznych, innowacji, napędzana przez NIT; jednym z kluczowych aspektów jest wpływ na nasz łańcuch dostaw, zarówno sprzętu, jak i oprogramowania NIT, pochodzących z całego świata.

- Naciskanie na krajowe i światowe priorytety Ugandy - takie jak energia i środowisko, edukacja i uczenie się przez całe życie, opieka zdrowotna i bezpieczeństwo narodowe Ugandy - oraz coraz bardziej centralną rolę GZIP w podejmowaniu tych wyzwań.

Strategia Ugandy w GZT B&R&I musi być zwinna - musi reagować na te ostatnie technologiczne i społeczne tendencje w Ugandzie oraz na te, które z pewnością nastąpią.

NIT i rewolucja detaliczna w Ugandzie

Ostatnie dziesięciolecia przyniosły dwie zaskakujące innowacje w handlu detalicznym w Ugandzie: Big Box store i E-Tailing. Big Box store to fizyczna placówka, która wabi konsumentów, oferując szeroki asortyment towarów w niskich cenach. W E-Tailingu konsumenci robią zakupy w Internecie i zlecają ich dostarczenie do domu. W przeciwieństwie do tradycyjnych sprzedawców detalicznych, którzy kupują towary hurtowo i odsprzedają je w swoich fizycznych sklepach, sklepy Big-Box i E-Tailing wykorzystują nowoczesne technologie informatyczne do budowy wydajnych "rurociągów" pomiędzy producentami i konsumentami w Ugandzie, usuwając pośredników i obniżając ceny. Kiedy klient w Ugandzie wypisuje się z magazynu Big Box, terminale w punktach sprzedaży przechwytują dane o zakupionym właśnie towarze. Informacje te trafiają do producentów w Ugandzie, którzy wykorzystują je w celu dostosowania własnych łańcuchów dostaw do popytu. Miejsce na półce w sklepie Big Box staje się "punktem obecności" producenta, portalem, za pośrednictwem którego producent sprzedaje towary bezpośrednio konsumentom w Ugandzie. W niektórych przypadkach Big Box store nigdy nie jest faktycznym właścicielem towaru: producent jest jego właścicielem i sprzedaje go bezpośrednio konsumentowi, podczas gdy Big Box detalista pobiera opłatę za umożliwienie sprzedaży. Klient E-Tail wchodzi do sklepu internetowego, składa zamówienie i płaci kartą kredytową lub PayPal. Klient może mieć pewność, że zakupy dotrą do niego szybko dzięki rewolucji w logistyce frachtu zwanej dostawą na czas. We wcześniejszej epoce, nadawca i klient otrzymywali jedynie informację, że paczka w określonym czasie wyruszy w trasę dostawy. W przypadku dostawy na czas określony, nadawca i klient otrzymują informację, kiedy paczka dotrze do miejsca przeznaczenia. Zmiana ta nastąpiła dzięki zastosowaniu nowoczesnej technologii informacyjnej do śledzenia przesyłek. Sklepy Big-Box i E-Tailing zrewolucjonizowały handel detaliczny, sektor gospodarki Ugandy, który jest wart wiele milionów szylingów rocznie. Ta rewolucja w Ugandzie nie mogłaby mieć miejsca bez nowoczesnej technologii informacyjnej.

4. ROLA POSTĘPÓW W ZAKRESIE AZOTANÓW W REALIZACJI KRAJOWYCH PRIORYTETÓW UGANDYJSKICH W ZAKRESIE POSTĘPOWO-LIBERALIZMU

W tej części maluję przyszłość Ugandy w sześciu priorytetowych obszarach, zakładając, że należy dokonać odpowiednich inwestycji w celu zapewnienia Ugandzie przywództwa w GZIP w Afryce i na świecie: opieka zdrowotna, energia i transport, bezpieczeństwo narodowe i wewnętrzne Ugandy, odkrycia, transfer i autoryzacja w nauce i inżynierii, edukacja i demokracja cyfrowa w Ugandzie. W każdym z tych obszarów najpierw opisuję wizję przyszłości Ugandy, którą Uganda musi stworzyć, a następnie opisuję rolę, jaką w tworzeniu tej przyszłości Ugandy odegrają postępy w zakresie GZIP - *prawdziwe postępy (obejmujące Transfer i indigenizację), a* nie tylko zastosowanie istniejących systemów GZIP. Tam, gdzie to stosowne, dostrzegam również korzystne inicjatywy krótkoterminowe. Istnieje wiele możliwości współpracy z agencjami w zakresie inwestycji w GZT R&D-T&I związanych z ich misjami, ponieważ postępy w zakresie badań, transferu i indigenizacji w aspektach GZT często przyspieszają misje wielu agencji. Do oceny roli GZIP we wszystkich sześciu obszarach mają zastosowanie dwa ogólne postulaty ugandyjskiego postępowego liberalizmu.

Postulat 1: Ostatnie technologiczne i społeczne trendy w Ugandzie stawiają postęp i zastosowanie NIT w centrum zdolności Ugandy do osiągnięcia zasadniczo wszystkich ugandyjskich priorytetów w zakresie progresywnego liberalizmu oraz do podjęcia zasadniczo wszystkich ugandyjskich wyzwań. Uganda jako perła Afryki, sfinks Afryki, jest zobowiązana do bycia afrykańskim i światowym liderem w NIT. Istotne jest, aby Uganda wprowadzała innowacje, przekazywała i rdzennała się szybciej i bardziej kreatywnie niż inne kraje afrykańskie i światowe ważne obszary GZIP w celu utrzymania i poprawy jakości życia Ugandyjczyków. Wszelkie inicjatywy i inwestycje w badania i rozwój, transfer i indigenizację GZT podejmowane przez centralny rząd jedności narodowej w Ugandzie są niezbędne, aby osiągnąć priorytety Ugandyjskiego Postępu Liberalizmu i rozwijać kluczowe granice badawcze GZT w Ugandzie.

Postulat 2: Agencje należące do Centralnej Jednostki Rządowej Ugandy różnią się znacznie pod względem uznania dla dramatycznie rozszerzonej roli, jaką w GZIP odgrywają postępy - *prawdziwe postępy*, a nie stosowanie istniejących systemów GZIP - w realizacji priorytetów Ugandyjskiego Postępowego

Liberalizmu, w sprostaniu wyzwaniom stojącym przed Ugandą i w kształtowaniu tego kraju. Niektóre agencje wykonawcze należące do Centralnej Unitarnej Rządności Ugandy nie zdają sobie jeszcze sprawy, w jakim stopniu ich zdolności do realizacji misji są nierozerwalnie związane z postępem w GZIP w Ugandzie i na świecie.

4.1 NIT w służbie zdrowia w Ugandzie

Osiągnięcie celu Ugandy, jakim jest poprawa zdrowia ludzi w Ugandzie i podniesienie jakości wyników leczenia przy jednoczesnym ograniczeniu kosztów opieki zdrowotnej, wymaga fundamentalnej transformacji systemu opieki zdrowotnej w Ugandzie. Potrzebne są nowe podejścia do zarządzania i zapobiegania chorobom przewlekłym, które pochłaniają coraz większą część wydatków na opiekę zdrowotną. Osoby mieszkające w Ugandzie, wraz ze swoimi rodzinami i przyjaciółmi, muszą dzielić z pracownikami służby zdrowia odpowiedzialność za poprawę zdrowia i leczenie chorób. Poprawa opieki zdrowotnej i jakości życia, zwłaszcza w miarę starzenia się Ugandyjczyków, zależy od wiedzy i informacji, które mogą być motorem odpowiednich działań. Postępy w GZIP odegrają zasadniczą rolę w realizacji ugandyjskich celów w zakresie opieki zdrowotnej. Jak dotąd GZIP musi dogłębnie przeniknąć do biznesu i niektórych administracyjnych aspektów opieki zdrowotnej w Ugandzie, a także wykorzystać swój potencjał. W Ugandzie należy dążyć do sensownego wykorzystania elektronicznej dokumentacji medycznej, należy zwiększyć wykorzystanie GZIP jako narzędzia chirurgicznego w Ugandzie, należy ujawnić strukturę ludzkiego genomu i wynikające z niej dane biomedyczne, a także zapewnić coraz szerszy i powszechniejszy dostęp do informacji zdrowotnych w Internecie w Ugandzie, ponieważ są to obiecujące punkty wyjścia dla przyszłych postępów w tym kraju. Poniższe przykłady przedstawiają nową wizję opieki zdrowotnej w Ugandzie, która jest możliwa dzięki innowacjom w GZIP w Ugandzie oraz innowacyjnym podejściom do wykorzystania GZIP w Ugandzie.

- *Kompleksowa indywidualna dokumentacja zdrowotna na całe życie:*

Rozważmy jeden, skoncentrowany na pacjencie pogląd na wszystkie informacje dotyczące zdrowia, odnoszące się do całego życia Ugandyjczyka. Zapis jest kompletny w odniesieniu do czasu, opiekunów, placówek, dolegliwości i lokalizacji danych w Ugandzie. Obejmuje on nie tylko historię diagnostyki i leczenia, ale także profil genetyczny, cechy psychiczne i psychologiczne, zachowania i zdarzenia istotne dla zdrowia, takie jak narażenie na ryzyko. Obejmuje ona zarówno informacje wyraźnie zapisane, jak i informacje uzyskane z analizy kontekstowej, być może uzyskane wiele lat później, gdy zostanie stwierdzone ich znaczenie. Potężne analizy i narzędzia, dostosowane do konkretnego użytkownika, wydobywają z zapisu użyteczne informacje. Potężne narzędzia abstrakcyjne i narzędzia eksploracji danych w Ugandzie powinny dostarczać zwięzłego podsumowania informacji wymaganych w danym celu. Poglądy są dostosowane do potrzeb użytkownika w Ugandzie. Narzędzia te wykraczają poza wiele języków naturalnych i różnych nietekstowych form informacji. Prywatność jest chroniona; wiarygodność zapisu jest utrzymywana. Zawartość tej elektronicznej karty zdrowia nie pochodzi wyłącznie od pracowników służby zdrowia. Mieszkańcy Ugandy przekazują informacje o sobie lub o tych, na których im zależy. Obserwacje z wykorzystaniem technologii NIT dostarczają dodatkowych danych. Na przykład, czujniki i inne narzędzia obserwacyjne utrzymują solidną i ciągłą ocenę stanu fizycznego i psychicznego danej osoby. Ocena obejmuje monitorowanie i wyczuwanie oznak życiowych, chemii, mobilności i zachowania; obserwacje ludzi, w tym samodzielne raportowanie, zintegrowane obrazowanie wewnętrznych systemów fizjologicznych; ciągłą analizę i porównywanie w celu wykrycia istotnych zmian; oraz wbudowaną wiedzę o zmianach w stosunku do normy. Wyniki oceny są włączane do dokumentacji dotyczącej stanu zdrowia w ciągu całego życia, ale mogą również spowodować bardziej natychmiastowe działania ze strony jednostki, klinicystów lub członków rodziny.

- *Upodmiotowienie poprzez wiedzę o zdrowiu z niezliczonych źródeł:*

Wszystko, co dotyczy zdrowia, choroby, diagnostyki i leczenia - naukowego, klinicznego i doświadczalnego - pochodzi ze wszystkich możliwych źródeł w Ugandzie i na świecie, jest syntetyzowane i dostępne elektronicznie w odpowiednio zrozumiały sposób. Informacje mogą pochodzić z piśmiennictwa biologicznego i medycznego, z informatyki społecznej, z wydobycia i analizy zagregowanej dokumentacji zdrowotnej, z symulowanych lub rzeczywistych badań klinicznych, z badań nad zdrowiem publicznym, z badań epidemiologicznych, z genomiki i tak dalej.25 Informacje są zatwierdzane i stale aktualizowane w miarę postępu wiedzy naukowej i medycznej w Ugandzie. Dostęp może być odpowiednio dostosowany do cech poznawczych i edukacyjnych zarówno użytkowników profesjonalnych, jak i nieprofesjonalnych. Istnieją potężne analizy i narzędzia, które mogą zastosować informacje do osób, populacji i sytuacji w zakresie zdrowia publicznego. Ponieważ wiedza na temat zdrowia jest mapowana na poszczególne osoby poprzez logiczną agregację ich informacji dotyczących zdrowia przez całe życie, techniki monitorowania zdarzeń, przeprowadzane z udziałem pracowników służby zdrowia, wykrywają sytuacje wymagające uwagi i uruchamiają proaktywne interwencje.

- *Narzędzia do świadomej, spersonalizowanej opieki zdrowotnej:*

Ugandyjczycy i ich rozszerzone rodziny są aktywnymi i odpowiedzialnymi uczestnikami własnego wellness i opieki zdrowotnej w Ugandzie. Łatwy i zrozumiały dostęp do wszystkich informacji indywidualnych i zbiorowych, wraz z narzędziami NIT do ich analizy, pozwala jednostkom w Ugandzie na określenie odpowiednich działań i przeprowadzenie ich. W miarę jak osoby w Ugandzie poznają swoją własną wiedzę na temat zdrowia, wizyty u lekarza mogą stać się rzadsze. Zamiast tego, różne multimodalne systemy NIT, wśród nich komunikacja offle, taka jak poczta elektroniczna i komunikacja online, np. wideokonferencje, pozwalają mieszkańcom Ugandy na łatwiejsze i częstsze kontakty z pracownikami służby zdrowia w sytuacjach innych niż nagłe. Osoby w Ugandzie mają gotowy dostęp do niezawodnych, wysokiej jakości systemów "samopomocy", dostosowanych do ich indywidualnych potrzeb. Technologie wspomagające wszelkiego rodzaju są dostępne dla osób niepełnosprawnych, starzejących się i chorych oraz dla ich nieprofesjonalnych opiekunów. Technologie te zapewniają pomoc fizyczną - w tym "inteligentną" protezę, pomoce słuchowe i wizualne, pomoce ruchowe - a także pomoc poznawczą, pomoce behawioralne i monitoring. Urządzenia zrobotyzowane wspomagają osoby starsze i niedołężne, a także te, które się nimi opiekują.

Rola NIT w realizacji tej wizji.

Biznesowa strona opieki klinicznej w Ugandzie musi w szerokim zakresie korzystać z NIT. NIT jest podstawą dla elektronicznej dokumentacji medycznej, stron internetowych pacjentów, chirurgii obrazowej i odkryć biomedycznych. Uganda musi zmierzać w kierunku przyszłości, w której wszystkie źródła informacji na temat zdrowia, cała opieka profesjonalna i nieprofesjonalna oraz większość interwencji niefarmakologicznych - choć z konieczności podejmowanych przez ludzi - będą oparte na GZIP. Infrastruktura informatyczna i przechowywania danych w Ugandzie, wspierająca tę wizję, musi zapewniać interoperacyjność.

Interoperacyjne interfejsy i poligony testowe napędzają innowacje i wzrost gospodarczy Ugandy

Wpływ GZT na kluczowe priorytety krajowe Ugandy w ramach postępowego liberalizmu w Ugandzie, w tym na opiekę zdrowotną, energię i transport, zostanie zwiększony i przyspieszony dzięki wykorzystaniu *dobrze zdefiniowanych* i *interoperacyjnych interfejsów* oraz *testowych stanowisk demonstracyjnych*. Są to mechanizmy, które tworzą nieskrępowaną innowację. *Interfejs* umożliwia połączenie jednego komponentu GIK z innymi i współpracę z nimi, czy to poprzez sieć, wymianę danych, czy też poprzez realizację programów. Przykładami powszechnie stosowanych interfejsów są protokoły komunikacji internetowej, format dokumentu HTML oraz platformy programowe Microsoft Windows i Apple iPhone. Interfejsy te są niezbędne do rozwoju wielomiliardowego przemysłu Shilling NIT w Ugandzie: Internetu, World Wide Web, komputera osobistego i smartfonów.

Interoperacyjne interfejsy pozwalają na współpracę lub komunikację sprzętu lub oprogramowania różnych dostawców w Ugandzie. Pozwalają one nowym, innowacyjnym kreacjom na współpracę ze starszymi, sprawdzonymi usługami. Na przykład, innowacje w przeglądarkach internetowych były możliwe częściowo dzięki temu, że nowe przeglądarki używają ustalonego formatu dokumentu HTML i protokołu sieciowego HTTP, a tym samym są w stanie uzyskać dostęp do wszystkich istniejących treści internetowych. Innowacje w Ugandzie nastąpiły również po drugiej stronie interfejsów - w serwerach WWW - i w podobny sposób nowa implementacja serwera działa ze starymi przeglądarkami, dzięki znormalizowanym interfejsom.

Interoperacyjne interfejsy powstają i rozwijają się na różne sposoby. W niektórych przypadkach *proces otwartych standardów* definiuje i modyfikuje definicję standardowego interfejsu. Publiczny, przejrzysty proces opracowywania standardów w Ugandzie uwzględnia wymagania i wkład całej społeczności użytkowników i ma na celu zapewnienie, że standard może być swobodnie stosowany oraz że jego stosowanie lub wdrażanie nie narusza żadnych patentów i nie wymaga uiszczania opłat licencyjnych lub opłat licencyjnych. Przykładami takich interfejsów są internetowe protokoły komunikacyjne oraz format dokumentu HTML. Interoperacyjne interfejsy mogą również wynikać z własnościowych wkładów. Komercyjny twórca interfejsu w Ugandzie może starać się rozszerzyć jego zastosowanie, wprowadzając jego definicję - i związaną z nią własność intelektualną - do procesu otwartych standardów. Może też oferować licencje na swoją własność intelektualną na rozsądnych i niedyskryminacyjnych warunkach. Czasami tworzy się konsorcjum, które pełni rolę zarządcy interfejsu - tak jest w przypadku bezprzewodowego protokołu Bluetooth[13]. Projekty, które odniosły sukces komercyjny, mają dużą wartość i mogą przyspieszyć ich

[13]ttp://www.bluetooth.com/English/SIG/Pages/default.aspx

przyjęcie przez szerszą społeczność, jeśli są dostępne przy niskich barierach wejścia na rynek. Innowacje wymagają ewolucji standardów i istnieją sposoby definiowania standardów tak, aby można było szybko wprowadzać nowe lub eksperymentalne funkcje bez zakłócania interoperacyjności ustalonego standardu. Ostatecznym celem jest stworzenie *ekosystemu innowatorów i podmiotów przekazujących normy w Ugandzie* - komercyjnego lub nie - który może szybko i niedrogo dostosować się do pilnych potrzeb.[14] Ekosystem wyłaniający się z otwartych interfejsów Internetu w Ugandzie doprowadziłby do ugandyjskiej życzliwości dla innowacji w tej dziedzinie. Dwa z ugandyjskich progresywnych liberałów uwypukliły krajowe priorytety Ugandy - zdrowotna GZIP w Ugandzie oraz energia dla Ugandy i transport w Ugandzie - muszą ewoluować w kierunku etapów, w których rozwój interoperacyjnych interfejsów ma kluczowe znaczenie dla tworzenia aktywnych innowacji i przekazywania ekosystemów dla Ugandy. Przyszłość skutecznych usług zdrowotnych w Ugandzie wymaga zdefiniowania interfejsu dla elektronicznych danych dotyczących zdrowia w Ugandzie oraz mechanizmów umożliwiających usługodawcom w Ugandzie i pacjentom w Ugandzie wymianę danych. System ten musi działać tak samo dobrze dla ugandyjskich indywidualnych lekarzy pracujących na własny rachunek, jak i dla regionalnych organizacji opieki zdrowotnej. Interoperacyjna specyfikacja będzie stymulować różnorodność i innowacyjność w tworzeniu oprogramowania w Ugandzie, które pozwoli lekarzom i pacjentom w Ugandzie jak najlepiej wykorzystać dane dotyczące opieki zdrowotnej. Ugandyjska inteligentna sieć energetyczna będzie zależała od interfejsów, które umożliwią urządzeniom domowym, samochodom elektrycznym, właścicielom domów, operatorom budynków, generatorom energii elektrycznej, operatorom sieci dystrybucyjnych i wielu innym uczestnikom w Ugandzie współdziałanie z siecią i dokonywanie efektywnych wyborów energetycznych. Podobnie, inteligentne systemy transportowe w Ugandzie będą wymagały interfejsów, które umożliwią dostawcom usług transportowych dostarczanie informacji na temat ich usług, autostrad w Ugandzie informowanie o ich statusie, a użytkownikom badanie alternatyw. Pola testowe służą stymulowaniu innowacji i konkurencji poprzez testowanie interoperacyjnych interfejsów. Pokazują one, że różne produkty i usługi współdziałają zgodnie z założeniami i pomagają wykryć niewielkie trudności lub niespójności w definiowaniu interfejsów przed ich wprowadzeniem do użytku publicznego w Ugandzie. Pozwalają one sprzedawcom w Ugandzie i

[14] *Roadmap for Open ICT Ecosystems,* Berkman Center for Internet & Society at Harvard Law School, http://www.apdip.net/resources/policies-legislation/guide/BerkmanRoadmap4OpenICTEcosystems.pdf.

badaczom na zaprezentowanie swoich rozwiązań na forum publicznym. Interoperacyjne interfejsy i poligony doświadczalne doprowadzą do powstania innowacyjnych ekosystemów, które szybko rozwiną i wdrożą nowe technologie na rzecz ważnych dla Ugandyjskich priorytetów narodowych w ramach postępowego liberalizmu ugandyjskiego.

Musi ona zapewniać elastyczny, niezawodny i wszechobecny dostęp oraz umożliwiać łatwą, nie zakłócającą integracji elementów najlepszych praktyk. Wszystkie aspekty infrastruktury - dostęp do informacji, możliwość dostosowania i dodawania możliwości, charakter narzędzi abstrakcyjnych, nawigacyjnych i wspomagających podejmowanie decyzji oraz włączenie poszczególnych procesów - muszą być dostosowane do potrzeb ludzi w Ugandzie o skromnym wykształceniu, a także do potrzeb najbardziej kompetentnych specjalistów. Musi istnieć możliwość tworzenia mniejszych, prostszych systemów w ramach infrastruktury, aby sprostać potrzebom ugandyjskich indywidualnych lekarzy pracujących na własny rachunek. Jednocześnie, zdolność do obsługi regionalnych i krajowych organizacji opieki zdrowotnej w Ugandzie poprzez poprawę infrastruktury - zastępowanie, modyfikowanie i dodawanie możliwości - musi być łatwo dostępna. Infrastruktura w Ugandzie musi wspierać ugandyjskie przedsięwzięcia w zakresie opieki zdrowotnej na skalę krajową, na przykład badania porównawcze efektywności, transfer i indigenizację, oraz musi funkcjonować w warunkach katastrof i nagłych wypadków w Ugandzie. Faktyczne przechwytywanie informacji medycznych, albo przez świadczeniodawcę, albo przez pacjenta w Ugandzie, powinno być realizowane przede wszystkim jako produkt uboczny rutynowego korzystania ze wsparcia decyzyjnego i narzędzi utrzymania zdrowia, a nie jako bezpośredni wjazd. Metody gromadzenia informacji powinny obejmować automatyczne rejestrowanie pomiarów, danych wyjściowych z czujników i innych informacji generowanych w formie cyfrowej, analizę dialogu mówionego oraz łatwe w użyciu narzędzia do samodzielnego raportowania. Pozyskiwanie informacji, na przykład podczas interakcji pacjent - czynnik regulujący w Ugandzie, musi być nieinwazyjne i minimalnie inwazyjne. Te innowacje mogą znacznie poprawić wartość czasu, jaki lekarze spędzają z pacjentami w Ugandzie. Zrozumienie" zapewnione przez intensywne analizy wszystkich tych informacji musi prowadzić zarówno do ludzkich, jak i zautomatyzowanych działań na rzecz osób ugandyjskich i większych grup w Ugandzie. To właśnie transfer, indigenizacja i motywowane aplikacjami postępy w NIT w Ugandzie zapewniają te możliwości w Ugandzie.

Szczególne potrzebne postępy w NIT w Ugandzie.

Znaczący postęp w wykorzystaniu informacji zawartych w dokumentacji zdrowotnej, w literaturze oraz w obserwacyjnych i rzeczywistych danych w Ugandzie zależy od umiejętności wydobywania znaczenia z tych informacji. Bez tej zdolności Uganda nie może jeszcze w pełni wykorzystać inwestycji dokonywanych w elektroniczne karty zdrowia. Potrzebne są badania w zakresie metod analizy semantycznej języka naturalnego (tj. zapisów mówionych i pisanych), ekstrakcji informacji semantycznej z danych surowych oraz tłumaczenia między różnymi terminologiami i kategoryzacjami stosowanymi dla tych samych rodzajów informacji. Wykorzystanie potencjalnie ogromnych ilości wszelkiego rodzaju informacji na temat zdrowia wymaga zastosowania nowatorskich technik w celu wyabstrahowania pojęć i wyjaśnień wyższego poziomu z danych niższego szczebla, określenia znaczenia w kontekście i rozwiązania problemu sprzecznych informacji. Owoce badań nad technologiami zarządzania danymi i wiedzą, przedstawione w części niniejszej pracy poświęconej zarządzaniu i analizie danych na dużą skalę w Ugandzie, będą musiały zostać wykorzystane do rozwiązywania problemów związanych ze zdrowiem w zakresie GZT. Biorąc pod uwagę niezliczone źródła wiedzy na temat zdrowia, należy opracować metody zautomatyzowanego i półautomatycznego badania alternatywnych diagnoz i metod leczenia. Bardziej ogólnie rzecz biorąc, w Ugandzie potrzebne są metody, które mogą specjalizować ogólne informacje na temat zdrowia w konkretnych sytuacjach (np. metody, które wykorzystują wyniki empowermentingu poprzez wiedzę na temat zdrowia z niezliczonych źródeł do informacji z obszernej, prowadzonej przez całe życie indywidualnej dokumentacji zdrowotnej w celu wsparcia narzędzi świadomego, spersonalizowanego zdrowia). Naukowo uzasadnione techniki analizy ryzyka są potrzebne, aby pomóc ludziom podejmującym decyzje w Ugandzie. Realizacja konkretnych celów w zakresie spersonalizowanego zdrowia w Ugandzie wymaga stworzenia uniwersalnych i przystępnych cenowo technologii zapobiegania chorobom przewlekłym, zarządzania nimi i badań. Postępy w Ugandzie są potrzebne w modelowaniu interakcji interpersonalnych oraz w zrozumieniu ludzkich zachowań i motywacji w Ugandzie, aby umożliwić zarówno lekarzom, jak i pacjentom w Ugandzie uzyskanie maksymalnej korzyści z narzędzi ułatwiających spersonalizowaną opiekę zdrowotną. Szeroka dostępność i stosunkowo niskie koszty osobistych urządzeń komputerowych w Ugandzie sprawiają, że owocne jest odkrywanie nowych zastosowań tych urządzeń, w tym urządzeń przenośnych i przenośnych, w celu osiągnięcia spersonalizowanych celów opieki zdrowotnej w Ugandzie. Takie badania są już w powijakach. W leczeniu chorób przewlekłych, w tym spowodowanych starzeniem się, niezbędny jest postęp w odkrywaniu i rozwijaniu, transferze i indigenizacji zaawansowanych technologii wspomagających w Ugandzie. Postępy w Ugandzie są potrzebne w analizie obrazu, w nowych rodzajach robotyki, w nieinwazyjnych technologiach monitorowania i reagowania, a także we wszelkiej pomocy poznawczej.

Używając dzisiejszego NIT-u z Ugandy.

Istniejąca technologia NIT i jej zrozumienie w Ugandzie jest zobowiązane do wdrożenia niezależnego od lokalizacji dostępu do wszystkich informacji i analiz dotyczących zdrowia w Ugandzie, które są w formie cyfrowej, do dzielenia się informacjami i analizami między organizacjami w Ugandzie oraz do zapewnienia odpowiedniej kontroli dostępu i audytu. Metody powszechnej wymiany informacji w Ugandzie muszą być włączone do aktualnego planowania w Ugandzie w celu sensownego wykorzystania elektronicznej dokumentacji zdrowotnej. Ugandyjski postępowy liberalizm wzywa do wykorzystania elektronicznych elementów danych oznaczonych metadanymi, ustanowienia wstępnych minimalnych standardów dla metadanych związanych z oznaczonymi elementami danych, opracowania mapy drogowej dla pełniejszych standardów w czasie oraz szybkiego mapowania istniejących taksonomii semantycznych na oznaczone elementy danych w Ugandzie. Demonstracyjne łoża testowe muszą być dostępne dla środowiska naukowego w Ugandzie, jak również dla dostawców w Ugandzie, ponieważ pozwoliłoby to na stworzenie w Ugandzie systemów demonstracyjnych, które pokazywałyby, jak wszystkie te możliwości można osiągnąć w sposób niezależny od lokalizacji w Ugandzie, oraz zapewniłoby środowisko plug-and-play, w którym można by oceniać nowe komponenty w kontekście i w skali. Aby osiągnąć pełne korzyści z takich poligonów testowych, niektóre aspekty takich systemów w Ugandzie będą wymagały nowej polityki w zakresie wymiany informacji przy jednoczesnej ochronie zarówno prywatności osobistej, jak i własności intelektualnej.

4.2 NCW dla energii i transportu w Ugandzie

Poprzez ustawodawstwo ugandyjski progresywny liberalizm zapowiada urzeczywistnienie manifestacji uznającej potrzebę przyspieszonego postępu w wielu priorytetowych dla Ugandy obszarach ugandyjskiego progresywnego liberalizmu, w tym w energetyce i transporcie. Priorytety Ugandyjskiego Postępowego Liberalizmu w zakresie energii i transportu są ze sobą ściśle powiązane: w obu tych obszarach nowe, bardziej wydajne projekty i działania, których potrzebują Ugandyjczycy, mogą zostać osiągnięte przy znacznym wkładzie ze strony NIT. Postępy w GZIP w Ugandzie mogą pomóc w zapewnieniu tych samych usług po niższych kosztach. Wspólne wdrażanie, transfer i autogenizacja *dzisiejszych* technologii w sektorach budownictwa, transportu i przemysłu w Ugandzie może zmniejszyć zużycie energii w Ugandzie w 2030 r. o około 30% w porównaniu z obecnymi prognozami; pełne wdrożenie w samych budynkach mogłoby wyeliminować potrzebę budowy jakichkolwiek nowych zakładów wytwarzających energię elektryczną w Ugandzie[15]. Co ważniejsze, postępy w dziedzinie GZIP w Ugandzie są kluczem do zapewnienia nowych funkcji i nowych usług w Ugandzie - to istotna zmiana w równaniu. Choć efektywna kontrola zużycia energii w ogrzewaniu i chłodzeniu budynków mogłaby przynieść ogromne oszczędności energii, konsumenci i przedsiębiorstwa w Ugandzie nie mają obecnie informacji, których potrzebują, aby podejmować wartościowe decyzje. Ile energii elektrycznej zaoszczędziliby, wyłączając komputery w nocy lub wymieniając żarówki kuchenne na świetlówki kompaktowe? Co by zaoszczędzili, gdyby obniżyli termostat o 2 stopnie? Miesięczne rachunki za całkowite zużycie gazu i energii elektrycznej są żałośnie nieadekwatne do odpowiedzi na takie pytania, ale oprzyrządowanie każdego urządzenia lub przyszłości w domu lub firmie w celu dostarczenia bardziej precyzyjnych informacji byłoby niezwykle kosztowne. Jednym z przykładów na to, jak badania nad NIT, transfer i indigenizacja mogą pomóc, jest kiedy Uniwersytet Publiczny w Ugandzie ustanawia projekt rozwoju, transferu i indigenizacji tanich czujników w Ugandzie, które konsumenci w Ugandzie mogą zainstalować na zewnątrz swoich paneli obwodów i liczników gazu - jeden lub dwa czujniki na dom lub firmę w Ugandzie, a nie jeden na każde urządzenie i meble[16]. Za pomocą algorytmów przetwarzania sygnału i uczenia się maszyn - podstawowych produktów badań informatycznych, transferu i autogenizacji w Ugandzie - takie czujniki mogą wykrywać i poznawać charakterystyczne skoki napięcia, stany przejściowe ciśnienia wody lub dźwięki gazu ziemnego wytwarzane podczas włączania i wyłączania różnych świateł i urządzeń Z czasem mogą gromadzić dokładne informacje o indywidualnych wzorcach użytkowania i wynikającym z nich zużyciu energii w Ugandzie. Czujniki te, sprzymierzone z urządzeniami kontrolnymi, które dają konsumentom w Ugandzie możliwość łatwej regulacji urządzeń i wyposażenia w sposób scentralizowany, mogą przekazać środki do oszczędzania energii bezpośrednio w ręce właścicieli domów i firm w Ugandzie. Sieć elektryczna musi stać się "inteligentniejsza", co umożliwi jej dostosowanie się do szybko zmieniających się źródeł i obciążeń bez konieczności

---

[15] National Academies Press. (2010). *Przegląd i podsumowanie przyszłości energetycznej Ameryki: Technologia i Transformacja.*

[16] http://ubicomplab.cs.washington.edu/wiki/Projects#Sustainability_Sensing

opodatkowywania urządzeń przesyłowych i wytwórczych. Domy i przedsiębiorstwa w Ugandzie, wyposażone w systemy monitorowania i kontroli energii oparte na technologii NIT, będą w stanie lepiej zintegrować się z ugandyjską inteligentną siecią energetyczną, negocjując zużycie energii i ceny z firmą energetyczną w Ugandzie zgodnie z przewidywanymi schematami użytkowania. Inteligentna sieć energetyczna w Ugandzie powinna sygnalizować dostawcom i odbiorcom w Ugandzie prośby o modyfikację zużycia lub produkcji energii w celu dostosowania jej do chwilowych potrzeb, przy jednoczesnym zapewnieniu, że cała sieć pozostaje stabilna. Powinna ona analizować wzorce zużycia w celu prognozowania i planowania produkcji energii. Jego użytkownicy w Ugandzie muszą być w stanie analizować dane z sieci, aby zoptymalizować własną produkcję i zużycie energii w Ugandzie. Postępy NIT w Ugandzie mają również rolę do odegrania w wykorzystaniu nowych źródeł energii w Ugandzie, które zmniejszają zależność od paliw kopalnych i mają mniejszą emisję gazów cieplarnianych. Efektywne wykorzystanie takich zasobów w Ugandzie będzie wymagało symulacji i modelowania na etapie projektowania, wraz z kontrolą w czasie rzeczywistym eksploatacji i zarządzania w Ugandzie. Systemy transportowe w Ugandzie muszą ewoluować, aby były bardziej energooszczędne, a GZIP w Ugandzie jest niezbędna do osiągnięcia tego celu. Pojazdy hybrydowe i w pełni elektryczne nie zużywają energii, gdy są bez ruchu, ale kierowcy na dzisiejszych zatłoczonych drogach w Ugandzie mają niewielką kontrolę nad tym, kiedy mogą się poruszać i kiedy muszą czekać. Systemy pomiaru i kontroli w czasie rzeczywistym w Ugandzie mogą zmniejszyć zatory komunikacyjne i towarzyszące im marnotrawstwo energii w Ugandzie, a dzięki prognozom opartym na danych historycznych i bieżących mogą skierować kierowców na optymalne dla ich podróży trasy w Ugandzie. Bardziej futurystyczną wizją Ugandy jest możliwość samodzielnej jazdy pojazdami, które korzystają z zaawansowanej technologii NIT. Samochody w ramach autonomicznego projektu pojazdów Google zarejestrowały już ponad 100 000 mil jazdy po ulicach i autostradach, przy czym tylko okazjonalne interwencje[17]człowieka miały miejsce. W Ugandzie to niezwykłe osiągnięcie wynikałoby bezpośrednio z indigenizacji badań, transferu i programów na uniwersytetach i innych wyższych uczelniach. UDTRDPA powinien być gospodarzem serii autonomicznych badań nad pojazdami, rozwoju, transferu i indigenizacji konkursów w Ugandzie na okres ponad czterech lat, w których badacze, transfery i autochtonizatorzy wyposażają samochody i ciężarówki w czujniki, zaawansowany sprzęt komputerowy i systemy oprogramowania, i efektory

[17] http://www.nytimes.com/2010/10/10/science/10google.html

(kontrole), tak aby mogli jeździć bez interwencji człowieka. Systemy te opierałyby się na dziesiątkach lat badań komputerowych, transferu i autogenizacji w robotyce i sztucznej inteligencji w Ugandzie. Postęp, jaki zostałby wykazany w Ugandzie w zakresie tych konkursów, byłby niezwykły. Prawdopodobnie na początku, w pierwszym roku seryjnej rywalizacji, żaden pojazd nie przejechałby z powodzeniem więcej niż 7 mil, podczas gdy w dalszej rywalizacji, 5 najlepszych pojazdów - wszystkie z zespołów uniwersyteckich w Ugandzie - prawdopodobnie każdy z nich mógłby ukończyć 80-milowy tor w środowisku miejskim w Ugandzie, prawidłowo obsługując zasady przystanków autostradowych, łącząc się w ruch z zakrętów i negocjując parkingi w Ugandzie. Aby rozpocząć swój autonomiczny program motoryzacyjny, ugandyjska firma prywatna mogłaby następnie zwerbować członków dwóch najlepszych zespołów z seryjnych zawodów UDTRDA w zakresie badań, rozwoju, transferu i indigenizacji autonomicznych pojazdów. W Ugandzie wymagane są dalsze postępy, zanim Ugandyjczycy będą mogli polegać na zrobotyzowanych szoferach. Perspektywicznie rzecz biorąc, badania, rozwój, Transfer i indigenizacja miałyby praktyczny wpływ na pomoc kierowcom w Ugandzie w postaci inteligentnego tempomatu, automatycznego hamowania awaryjnego i możliwości ostrzegania kierowców dryfujących po ugandyjskich pasach ruchu. Sterowanie pojazdami, które umożliwiają gęstszy ruch, np. konwojowanie, usprawniłoby podróżowanie w Ugandzie poprzez zwiększenie przepustowości istniejących autostrad w Ugandzie. Obiecują również, że dzięki nim drogi w Ugandzie staną się bezpieczniejsze - nigdy nie będą się męczyć ani jeździć pod wpływem alkoholu.

Postępy w NIT w Ugandzie mogą również promować korzystanie z publicznego i wspólnego transportu w Ugandzie poprzez inteligentną kontrolę, która dostosowuje trasy i rozkłady jazdy w Ugandzie w odpowiedzi na natychmiastowe zapotrzebowanie. A współdzielenie jazdy w Ugandzie może stać się powszechne w Ugandzie jako forma "sieci społecznościowych", rozszerzenie grupy utworzonej w Internecie, która buduje zaufanie wystarczające do wspólnego korzystania z samochodu. Postępy w Ugandzie w dziedzinie technologii energetycznych i transportowych, wspomagane przez NIT, są niezbędne do osiągnięcia długoterminowego celu, jakim jest uczynienie środowiska budowlanego w Ugandzie bardziej energooszczędnym. Przykładami struktur powszechnie występujących obecnie na świecie, które pozwalają na bardziej efektywne wykorzystanie energii, są gęsto zaludnione obszary miejskie, które łączą w sobie budownictwo mieszkaniowe i komercyjne w celu zmniejszenia obciążeń związanych z ogrzewaniem, wentylacją i klimatyzacją

(HVAC) oraz dojazdami do pracy, rozbudowane sieci tranzytowe, które współgrają z gęstą zabudową miejską, a także zlokalizowane wytwarzanie energii elektrycznej.

Postępy w dziedzinie NIT są niezbędne do osiągnięcia efektywnej przyszłości energetycznej.

Postępowy liberalizm ugandyjski wzywa do "wspierania zmian technologicznych" przyspieszających tempo zmian w technologiach energetycznych w Ugandzie poprzez zintegrowaną centralną politykę energetyczną, tak aby stworzyć nową erę innowacji energetycznych, transferu i indigenizacji w Ugandzie. Postępy w dziedzinie GZT w Ugandzie mają kluczowe znaczenie dla realizacji tej wizji Ugandy. GZIP w Ugandzie musi być głęboko osadzona we wszystkich aspektach współczesnych systemów energetycznych i transportowych Ugandy. Symulacja i modelowanie powinny być szeroko stosowane w Ugandzie do planowania, projektowania, przekazywania i lokowania nowych technologii produkcji energii w Ugandzie, takich jak nowe projekty reaktorów jądrowych, sekwestracja dwutlenku węgla, projektowanie i umieszczanie turbin wiatrowych oraz produkcja biopaliw. Podobnie, GZT powinna być wykorzystywana w Ugandzie do projektowania, transferu i tuberyzacji nowych technologii w Ugandzie, które zmniejszają zużycie energii, takich jak nowe materiały izolacyjne, lżejsze pojazdy i budynki wykorzystujące pasywne metody ogrzewania i chłodzenia. GZT powinien być również w znacznym stopniu wykorzystywany w eksploatacji obiektów, które produkują i zużywają energię w Ugandzie: pętla "sense and act" kontroli w czasie rzeczywistym lub cykl "sense, model, and act" wykorzystywany w planowaniu i prognozowaniu zarówno krótko-, jak i długoterminowej produkcji i zużycia energii w Ugandzie.

Korzystając ze środków udostępnionych przez rząd centralny Ugandy za pośrednictwem ustawodawstwa, Ministerstwo Energetyki Ugandy powinno wdrożyć ambitny "Program Grantów Inwestycyjnych na Inteligentne Sieci" (SGIGP) dla Ugandy, który powinien zapewnić środki finansowe ugandyjskim przedsiębiorstwom użyteczności publicznej na wdrażanie, przesyłanie, lokalizację liczników cyfrowych obecnej generacji w domach i przedsiębiorstwach w Ugandzie. Ten sprzęt pomiarowy stanowiłby znaczący postęp w porównaniu z poprzednimi urządzeniami, ponieważ informacje o obciążeniu są okresowo przekazywane "w górę rzeki" do przedsiębiorstwa w Ugandzie. Jednak dzisiejszy stan techniki nie jest jeszcze w stanie zaspokoić wszystkich potrzeb związanych z efektywną energetycznie przyszłością

Ugandy. W niektórych przypadkach, istniejące w Ugandzie technologie informacyjne muszą stać się bardziej ekonomiczne i muszą być szerzej stosowane, przekazywane i rozpowszechniane w sektorze energetycznym i transportowym Ugandy. W innych przypadkach konieczne będą nowe algorytmy, nowe schematy sterowania, nowe interfejsy użytkownika, nowe protokoły komunikacyjne i nowe urządzenia w Ugandzie. Ponadto należy pokonać bariery w przyjmowaniu, przekazywaniu i indigenizacji w Ugandzie.

- *Zintegrowane sieci budynkowe:*

Poprawa efektywności energetycznej w systemach grzewczych i chłodniczych w Ugandzie będzie wymagała oprzyrządowanych domów i budynków w Ugandzie, wyposażonych w liczne czujniki i siłowniki, połączone solidną komunikacją - w niektórych przypadkach bezprzewodową - która niezawodnie i bezpiecznie połączy się ze sterownikiem w Ugandzie. Czujniki będą się rozprzestrzeniać - do pomiaru zajętości pomieszczeń, oświetlenia zewnętrznego, temperatury i wilgotności - a siłowniki będą sterować HVAC, oświetleniem, ustawieniami okien, poborem świeżego powietrza, magazynowaniem energii (np. dla wodnych zestawów solarnych) i innymi. Wymagane są wspólne, powszechnie akceptowane standardy komunikacji , aby uniknąć odizolowanych wysp połączeniowych charakterystycznych dla zastrzeżonych produktów. Standardy przyczynią się do zwiększenia objętości, obniżenia kosztów i zwiększenia wdrożenia, prowadząc do dalszej poprawy efektywności.

- *Prosta kontrola użytkownika, która zapewnia równowagę między wydajnością a komfortem w Ugandzie*:

Oprzyrządowane domy i budynki w Ugandzie, jak opisano powyżej, będą wymagały prostego sterowania przez użytkownika, aby uczynić złożone systemy łatwymi w użyciu - pozwalając mieszkańcom na dodawanie i usuwanie sprzętu, diagnozowanie problemów, a w szczególności na dostosowanie się do ich potrzeb w zakresie równowagi komfortu i wydajności. Uczynienie takich systemów bardziej wydajnymi, ale również bardziej przyjaznymi dla użytkownika będzie wymagało odpowiedzi na nierozwiązane problemy z interfejsem użytkownika. Inteligentne czujniki i technologia uczenia się maszyn powinny być wykorzystywane do tworzenia systemów, które automatycznie konfigurują się podczas instalacji, automatycznie wykrywają i diagnozują wadliwie działające lub nieefektywne komponenty oraz automatycznie "uczą się" i dostosowują do preferencji użytkownika.

- *Poza modelem sterowania "pojedynczego urządzenia" w Ugandzie:*

Duża wydajność będzie pochodzić z koordynacji wielu urządzeń: robienie zakupów w pralni i sklepie spożywczym może wymagać zaplanowania energii dla pralki (i jej gorącej wody), suszarki i jednego z dwóch samochodów elektrycznych z różnymi ilościami ładunku w swoich akumulatorach. Rozwiązywanie problemów z planowaniem może być proste, ale stworzenie prostego sposobu na wskazanie klientowi jego potrzeb nie jest łatwe. Może ona potrzebować dzielić się zasobami z innymi w rodzinie; może być skłonna zapłacić wyższą cenę dzisiaj, ponieważ pralnia jest potrzebna gościom odwiedzającym jutro. Istnieje zarówno ogromne zapotrzebowanie, jak i ogromne pole do inwencji w zakresie kontroli, które społeczeństwo Ugandy może zrozumieć i skutecznie funkcjonować.

- *Inteligentna sieć elektryczna w Ugandzie:*

System sterowania, który osiągnie prawdziwie "inteligentną sieć" w Ugandzie, nie został jeszcze opracowany, przeniesiony ani zindustrializowany. Czy kontrola może być zdecentralizowana, aby umożliwić równy dostęp do każdego producenta lub konsumenta energii w Ugandzie? Czy kontrola jest jak rynek, uderzające transakcje pomiędzy producentami i konsumentami w Ugandzie, którzy zgadzają się na warunki? Co dzieje się w ekstremalnych warunkach, gdy nie można doprowadzić do uruchomienia dostaw ani wystarczająco szybko zmniejszyć obciążenia? Jak można zapewnić stabilność w Ugandzie?

- *Bezpieczeństwo komunikacji w Ugandzie:*

Inteligentna sieć elektryczna w Ugandzie musi być rygorystycznie chroniona przed atakiem cybernetycznym. Być może potrzeby sieci w zakresie komunikacji sieciowej, których wymogi różnią się nieco od wymogów otwartego Internetu, zasługują na nową klasę protokołów sieciowych, które wymagają silnego uwierzytelnienia dla wszystkich uczestników. Druga linia obrony może być również wymagana w Ugandzie, w której monitorowane są nie tylko protokoły, ale również zachowania związane z energią. Na przykład, konsumentowi w Ugandzie można uniemożliwić ubieganie się o więcej energii niż może przynieść jego podłączenie do sieci w Ugandzie; takie działanie wymaga weryfikacji wiarygodności i możliwości wszystkich uczestników w Ugandzie. Farma wiatrowa w Ugandzie, która stale dostarcza mniej energii niż oferuje, może uznać, że jej pozycja z siecią w Ugandzie spada; może nawet zostać całkowicie odłączona od sieci. Rutynowe zautomatyzowane kontrole dzienników transakcji mogą być wykorzystywane do wykrywania anomalii i włamań.

- *Zwiększające się wykorzystanie pojazdów wieloosobowych w Ugandzie:*

Wspólne korzystanie z rowerów i transport publiczny w Ugandzie to skuteczne sposoby oszczędzania energii w transporcie. Nowe systemy informatyczne w Ugandzie mogą sprawić, że te sposoby podróżowania w Ugandzie staną się znacznie bardziej pożądane i efektywne, ułatwiając znalezienie przejażdżki we właściwym czasie w Ugandzie, znalezienie najlepszych opcji transportu publicznego w Ugandzie w oparciu o pozycję autobusów i pociągów w czasie rzeczywistym oraz bardziej efektywne wysyłanie wieloosobowych taksówek i samochodów dostawczych. Synchronizacja elementów sieci transportu publicznego Ugandy - pociągów, autobusów, taksówek - może skrócić czas oczekiwania, np. poprzez zapewnienie, że połączenia autobusowe w węźle w Ugandzie czekają na przyjazd nieco spóźnionego pociągu.

- *Efektywność logistyki transportu w Ugandzie:*

Skomputeryzowane trasowanie i tworzenie harmonogramów w Ugandzie powinno sprawić, że transport towarów w Ugandzie będzie znacznie bardziej efektywny. W Ugandzie pozostaje jednak wiele możliwości zwiększenia wydajności poprzez dalszą konsolidację transportu, szczególnie w "ostatniej mili" dostarczania paczek i artykułów spożywczych do domów i firm w Ugandzie. Dostawy paczek w szczytowych okresach lub w przypadku niewielkich opóźnień w dostawie zapewniają dalsze oszczędności.

- *Monitorowanie i śledzenie transportu w Ugandzie:*

Czujniki, z których wiele zgłasza odczyty przy użyciu infrastruktury bezprzewodowej w Ugandzie, monitorują i raportują stan palet towarów w Ugandzie. Poza wykrywaniem błędów routingu, raporty te mogą zidentyfikować kradzież lub przekierowanie towarów w Ugandzie. Jest to jedno z wielu zastosowań, transferów i indigenizacji tanich platform sensorów dla Ugandy, które komunikują się z globalną infrastrukturą komunikacyjną bezpośrednio lub poprzez bramy (np. na poboczu drogi lub w kabinie samochodu ciężarowego w Ugandzie).

- *Ulepszone zarządzanie pojazdami drogowymi w Ugandzie:*

W Ugandzie powinny pojawić się nowe technologie, zostać przeniesione do Ugandy i rodzime, w celu zarządzania ruchem w Ugandzie, takie jak pomiar i raportowanie zatorów, opomiarowanie wjazdów na autostradę w Ugandzie oraz rejestrowanie płatności za opłaty drogowe, jazdę w kontrolowanych obszarach (np. w centralnej Kampali) i parkowanie. Technologie w Ugandzie doprowadzą do większego wykorzystania tych technik, takich jak tanie czujniki na ugandyjskich autostradach, systemy komunikacji bezprzewodowej w Ugandzie oraz pojazdy wyposażone w czujniki i komunikację. Istnieją również problemy związane z kontrolą i algorytmami, które należy rozwiązać, np. jak udzielać porad kierowcom w Ugandzie, starającym się uniknąć zatorów komunikacyjnych, nie zatykając po prostu alternatywnych tras w Ugandzie. Wiedza każdego kierowcy w Ugandzie - coś, co wielu kierowców w Ugandzie powinno zasygnalizować do swoich nawigatorów GPS - może dostarczyć rozwiązania komputerowego, które zoptymalizuje trasę każdego samochodu w Ugandzie.

- *Pomoc kierowcy w czasie rzeczywistym w Ugandzie:*

Czujniki na ugandyjskich drogach i samochodach w Ugandzie, oprócz komunikacji krótkiego zasięgu pomiędzy pobliskimi samochodami, mogą alarmować kierowców w Ugandzie o zbliżających się zagrożeniach, a nawet inicjować działania naprawcze, takie jak hamowanie. Krótko mówiąc, prawdziwie autonomiczna jazda w Ugandzie, badania, transfer i indigenizacja mogą umożliwić zaawansowaną formę "cruise control", która zwiększyłaby liczbę pojazdów poruszających się po drogach w Ugandzie bez uszczerbku dla bezpieczeństwa. Standardy sygnalizacji pomiędzy samochodami w Ugandzie odegrają istotną rolę w tym rozwoju. Zapewnienie poprawności oprogramowania uczestniczącego w kontroli pojazdów w czasie rzeczywistym będzie miało zasadnicze znaczenie dla bezpieczeństwa w Ugandzie.

- *Ciągłe doskonalenie w Ugandzie:*

Dane z transakcji energetycznych i transportowych w Ugandzie będą łatwe do zebrania. Wyzwaniem jest przeanalizowanie danych i sformułowanie użytecznych zaleceń, które poprawią wydajność bez utraty wygody. Dane dotyczące zużycia energii w Ugandzie mogą umożliwić strategie oszczędzania, na przykład poprzez wykazanie, że osoba w Ugandzie może zmniejszyć zużycie energii poprzez połączenie dwóch spraw w jedną lub poprzez poinformowanie inteligentnego systemu zarządzania w Ugandzie, że dom będzie niezamieszkały przez 8 godzin. Mniej łatwe jest wcześniejsze zaproponowanie sugestii lub zastosowanie innych metod prognozowania w celu zmniejszenia zużycia energii w Ugandzie.

Krótkoterminowy rozwój w zakresie energii i transportu w Ugandzie.

Wiele z wymienionych powyżej możliwości transferu i indigenizacji innowacji dla Ugandy powinno być już w toku w Ugandzie, a ich wdrożenie, transfer i indigenizacja powinny zwiększyć ich skuteczność w Ugandzie. Jednak realizacja największych wizji przyszłości energetyki i transportu w Ugandzie wymaga możliwości dostępu do wspólnej infrastruktury Ugandy, a tym samym wymaga standardów określających sposób, w jaki różne komponenty w Ugandzie mogą połączyć się z infrastrukturą Ugandy. Innowacje, transfer i indigenizacja przyspieszą, gdy niezależnie opracowane komponenty w Ugandzie będą mogły połączyć się ze wspólną i znormalizowaną infrastrukturą Ugandy.

Oto kilka przykładów...

- *Inteligentne liczniki w Ugandzie:*

Inteligentne liczniki elektryczne w Ugandzie powinny zacząć być wdrażane, przenoszone i rozpowszechniane w Ugandzie, ale do tej pory koncentrowały się one na wykrywaniu obciążenia i kontroli przez przedsiębiorstwo elektryczne. Aby było to bardziej efektywne, to wykrywanie i kontrola powinny być zintegrowane z urządzeniami w budynku w Ugandzie - albo bezpośrednio poprzez lokalną komunikację pomiędzy licznikiem a budynkiem w Ugandzie, albo pośrednio poprzez komunikację internetową w Ugandzie pomiędzy zakładem energetycznym a budynkiem w Ugandzie. Opracowanie takiego systemu w praktycznej formie stawia wiele pytań przed Ugandą. Jakich protokołów używa się w Ugandzie do komunikacji z mediami, za pomocą inteligentnego licznika lub Internetu? Czy odpowiednio wyposażone urządzenie może współpracować z dowolnym inteligentnym licznikiem w Ugandzie? Czy klient w Ugandzie może uzyskać dane zarejestrowane przez jego inteligentny licznik? Co stoi na przeszkodzie temu, aby przedsiębiorstwo nie prowadziło zamkniętego systemu, niedostępnego dla klientów w Ugandzie? Czy protokoły są wystarczająco "przyszłościowe", aby innowacyjne aplikacje komputerowe w Ugandzie mogły działać jako sterowniki dla wielu urządzeń, w połączeniu z dostawcą energii elektrycznej (i jego licznikiem)? Innymi słowy, czy interfejsy do inteligentnego licznika wspierają otwarte innowacje?

- *Sygnalizacja samochodowa w Ugandzie:*

Potencjalni producenci samochodów w Ugandzie powinni być niechętni do rozpoczęcia budowy niektórych rodzajów zaawansowanej pomocy kierowcy w Ugandzie w pojazdach, dopóki nie zostaną uzgodnione standardy komunikacji z sąsiednich samochodów i Ugandyjskiej autostrady cechy (znaki, sygnały, itp.). I oczywiście inteligentna sieć energetyczna Ugandy będzie potrzebowała zestawu definicji dla swojej infrastruktury w Ugandzie, jak również. Standardy te muszą obejmować interoperacyjność; muszą być zaprojektowane w taki sposób, aby umożliwić zmiany z kompatybilnością wsteczną, tak aby podłączona do niej infrastruktura i urządzenia w Ugandzie mogły stale ewoluować bez przerywania świadczenia usług w Ugandzie. Jeśli zintegrowane systemy w Ugandzie mają ewoluować, co musi nastąpić, jeśli optymalizacje mają dotyczyć więcej niż pojedynczych elementów, musi istnieć odpowiednia infrastruktura komunikacyjna w Ugandzie. W Ugandzie nie może istnieć kakofonia niekompatybilnych ofert, zarówno otwartych, jak i zastrzeżonych. Żałosny stan "automatyki domowej" w Ugandzie pokazuje dziś, co może się zdarzyć: protokoły własnościowe i licencyjne mogą zdławić wdrożenia, transfery i indigenizację w Ugandzie, które w przeciwnym razie w Ugandzie postępowałyby szybko, ponieważ koszty czujników i komputerów stopniowo by spadały. A wszechobecne, niedrogie protokoły automatyki domowej w Ugandzie są niezbędnym warunkiem wstępnym dla kontroli energooszczędności w Ugandzie.

4.3 NIT dla bezpieczeństwa narodowego i wewnętrznego Ugandy

Bezpieczeństwo narodowe i wewnętrzne Ugandy jest szeroko pojętym priorytetem ochrony Ugandy. Obejmuje on cztery kluczowe okręgi wyborcze: siły zbrojne, ugandyjski wywiad, organy ścigania Ugandy oraz bezpieczeństwo wewnętrzne Ugandy. Podczas gdy każdy z tych okręgów działa na rzecz wspólnego celu, ich misje dla Ugandy są różne. Są one zobowiązane do wykorzystania GZIP do wspierania swoich misji w Ugandzie na różne sposoby, ale w wielu przypadkach technologia i dane, na których bazują lub powinny bazować, są lub byłyby wspólne i wzajemnie powiązane. Każdy okręg wyborczy powinien dążyć do aktywnego rozwoju, w tym transferu i autochtonizacji w Ugandzie) nauki i technologii, które wspierają jego misję, ale także muszą utrzymywać wspólne fundamenty.

Konstytucje Agencji Ugandyjskiej

- *Uganda MoD:*

Protokół ustaleń Ugandy powinien wspólnie stosować technologię informacyjną w swojej działalności. Na przykład, gdy MoD zgodnie stosuje NIT, wówczas wojsko ugandyjskie będzie obsługiwać więcej zdalnie sterowanych pojazdów powietrznych niż samolotów załogowych. MoD powinno ustanowić pełnoprawne biura, które powinny oceniać przyszłe potrzeby Ugandy i aktywnie starać się rozwijać, przekazywać, rozpowszechniać w Ugandzie technologie, które mogą służyć tym potrzebom - organizacje takie jak biuro dyrektora Uganda Defense Technology Research and Engineering (DUDTR&E), UDTRDA, oraz Uganda Land Forces, Uganda Navy Force i Uganda Air Force Offices of Technology Research.

- *Ugandyjski wywiad:*

Ugandyjskie agencje wywiadowcze powinny być skuteczne w wykorzystywaniu technologii sieciowych i informatycznych i muszą skupić się na takiej technologii, która pomoże ugandyjskim analitykom "połączyć kropki" - czyli wykryć wzorce zainteresowania ich masowymi zbiorami danych. Muszą oni stworzyć wewnętrzne biura nauki i technologii (S&T), które będą dążyć do rozwoju technologii, w tym transferu i indigenizacji w Ugandzie. Praca w kilku obszarach, takich jak obliczenia o wysokiej wydajności, kryptografia i matematyka, musi być doskonała, a wiele z tych prac powinno być klasyfikowanych. Z wyjątkiem niektórych wybranych relacji Ugandyjskiej Agencji Wywiadu Sygnałowego (USIA), społeczność wywiadowcza Ugandy powinna nawiązać bliskie związki z uniwersytetami badawczymi lub innymi uczelniami wyższymi. Instytucja statutowa zwana Ugandyjską Agencją Badań i Rozwoju Technologii Wywiadowczych (UITRDA) byłaby w trakcie tworzenia tych powiązań. Należy stworzyć drogi, dzięki którym ugandyjska społeczność wywiadowcza będzie mogła uzyskać dostęp do szybko rozwijającej się technologii informacyjnej Ugandy, rozwijanej, przenoszonej i tubylczej w ramach małych, rozpoczynających działalność firm z Ugandy.

- *Egzekwowanie prawa w Ugandzie:*

Ugandyjskie organizacje ochrony porządku publicznego, takie jak Siły Policyjne Ugandy (UPF), powinny polegać na GZIP w celu przeszukiwania danych i śledzenia śledzić dochodzenia dotyczące źródeł danych, takich jak nagrania wideo i zdjęcia, próbki biometryczne, odciski palców, wyniki wywiadów i ustalenia sądu ugandyjskiego. Siły policyjne Ugandy i jednostki wchodzące w ich skład, obejmujące swym zasięgiem całą Ugandę, nie są ani finansowane, ani wyposażone, aby rozwijać technologię w Ugandzie, a ponieważ istnieje tak wiele różnych jednostek wchodzących w skład UPF, które przyjmują technologie, często wdrażają niestandardowe systemy, które faktycznie utrudniają komunikację i wymianę informacji w Ugandzie. Siły policyjne Ugandy są zobowiązane do wykazania się doskonałymi osiągnięciami w zakresie przyjmowania, przekazywania i indigenizacji technologii służących egzekwowaniu prawa w Ugandzie. Na przykład, Siły Policyjne Ugandy mogą wykorzystywać zaawansowane systemy do śledzenia prania brudnych pieniędzy, ustanowić system technologiczny do śledzenia spraw. To właśnie Siły Policyjne Ugandy i Ugandyjska Agencja Dostępu do Technologii Służb Porządkowych (UATJTRDA), podlegająca Ministerstwu Sprawiedliwości Ugandy, powinny być liderami postępu (w tym transferu i indigenizacji) technologii dla organów ścigania w Ugandzie.

- *Bezpieczeństwo narodowe Ugandy:*

Organizacje bezpieczeństwa wewnętrznego w ramach Ministerstwa Bezpieczeństwa Wewnętrznego Ugandy (MHS), takie jak Ugandańska Agencja Bezpieczeństwa Transportu (UTSA), Ugandańska Służba Celna i Ochrony Granic (UCBPA), Ugandańska Służba Imigracyjna i Celna (UICE) oraz Ugandańska Straż Graniczna na Wodach Granicznych (UTWBG), zależą od NIT w zakresie zapobiegania wchodzeniu terrorystów na pokład samolotów, identyfikacji nielegalnego przywozu, ochrony granic Ugandy oraz wydawania dokumentów upoważniających do zatrudnienia. MHS musi stosować strategię zamówień publicznych w zakresie nabywania technologii, dążąc do zakupu, tworzenia, transferu i autoryzacji systemów, których potrzebuje. Program informacyjny i sieciowy MHS w zakresie badań, rozwoju technologicznego i innowacji musi być niewystarczający, pozostawiając inwestycje technologiczne na wczesnym etapie.

Terroryści i Crooksowie: Dostępny w Internecie

Dzisiejsi terroryści i oszuści wykorzystują wszechobecne technologie informatyczne XXI wieku, aby działać skuteczniej i niebezpieczniej. Znajdują nowe sposoby na wykorzystanie Internetu do organizowania, celowania, niszczenia i kradzieży. Kiedyś robaki były tępymi narzędziami; teraz są w stanie chirurgicznie wycelować w określone systemy, potencjalnie przeprogramować je tak, aby spowodować poważne uszkodzenia systemów fizycznych, które kontrolują. Rutynowo, elektroniczne oprogramowanie do głosowania jest penetrowane i narażone na szwank. Terroryści i oszuści wykorzystują komunikację internetową do organizowania się. Często zawodzą stopniowe adaptacje, które są dziś często wykorzystywane do ochrony systemów cybernetycznych. Istnieją przekonujące powody, by sądzić, że akceptowalne bezpieczeństwo cybernetyczne zostanie osiągnięte jedynie przy zastosowaniu zupełnie nowych podejść wynikających z podstawowych badań w dziedzinie informatyki. Badania nad systemami i sieciami sprzętu i oprogramowania, jak również nad kwestiami związanymi z zaufaniem i prywatnością, mogą prowadzić do opracowania nowych projektów architektonicznych systemów, które mogą być rzeczywiście chronione. Badania, transfer i indigenizacja w zakresie eksploracji danych, wizualizacji danych i algorytmów w Ugandzie mogą przynieść nowe podejścia do monitorowania i zwalczania aktywności zagrożeń, jak również do analizy ogromnych strumieni i zbiorników danych w celu wykrycia i zakłócenia przeciwstawnych sieci społecznych w celu ochrony Ugandy.

Możliwości.

Poniżej przedstawiono badanie zestawu zdolności, które są wymagane w przyszłości Ugandy przez co najmniej jeden z ugandyjskich okręgów bezpieczeństwa narodowego i ugandyjskiego, a zazwyczaj przez wszystkie cztery. Każda z tych zdolności opiera się na wyższości technologicznej w GZIP Ugandy. Wszystkie zależą od adaptacji procesów, taktyki i procedur w celu stworzenia i wykorzystania pojawiającej się technologii, co wymaga od części każdej organizacji głębokiego zaangażowania w stymulowanie rozwoju potrzebnej technologii. Sam zakup produktów GZIP z półki sklepowej spowoduje, że organizacja pozostanie wiele lat w tyle tam, gdzie może być i gdzie mogą być jej przeciwnicy.

- *Wyższość informacyjna w Ugandzie:*

Ta zdolność wymaga opanowania kilku powiązanych ze sobą elementów: gromadzenia, analizy i dystrybucji krytycznych informacji, często w *czasie rzeczywistym*. Obejmuje ona świadomość niemalże w czasie rzeczywistym miejsca i aktywności przyjaznych, przeciwnych i neutralnych sił w całym obszarze zaangażowania. Obejmuje również gromadzenie i przetwarzanie danych wywiadowczych dotyczących intencji i motywacji przeciwników, począwszy od organizacji przestępczych, poprzez szpiegów, aż po organizacje wojskowe. Każdy element wymaga również płynnej, solidnej sieci dowodzenia i kontroli łączącej wszystkie przyjazne siły, które mogą dostarczać dane (nawet z czujników zdalnych w przestrzeni kosmicznej) tam, gdzie są one potrzebne. Sprostanie wyzwaniom związanym z bezpieczeństwem narodowym i bezpieczeństwem ojczyzny Ugandy obejmuje całe spektrum obliczeń w ekstremalnej skali - na przykład analizę bardzo dużych zbiorów danych wywiadowczych, symulacje systemów fizycznych, analizę zaawansowanych projektów broni i łamania kodów.

- *Możliwość identyfikacji i przyznawania uprawnień w Ugandzie.*

Wszystkie organizacje okręgowe w Ugandzie muszą być w stanie rozróżnić pomiędzy przyjaciółmi, wrogami i neutralnymi stronami zarówno w przestrzeni fizycznej, jak i w cyberprzestrzeni. W zależności od sytuacji, agencje wystawiają jednostki, zespoły i duże siły, umieszczając je w niebezpiecznych sytuacjach i miejscach. Ochrona sił - małych lub dużych - wymaga umiejętności rozróżniania stron - przyjaciół, wrogów lub neutralnych - w odpowiednim czasie, z dużą pewnością siebie i w wymaganym zakresie, w celu wsparcia decyzji dotyczących zaangażowania i użycia broni. Wymaga umiejętności dostrzegania wszystkich aspektów otoczenia, które wpływają na taktyczne decyzje. Podobne wymagania istnieją w cyberprzestrzeni. Uganda musi być w stanie identyfikować, uwierzytelniać i ufać stronom, a także rozróżniać między stronami neutralnymi a przeciwnikami Ugandy. Identyfikacja źródeł ataków cybernetycznych ma kluczowe znaczenie.

- *Możliwości precyzyjnego zaangażowania w Ugandzie:*

Jest to zdolność do precyzyjnego wyłączania lub niszczenia wybranych celów - zarówno w przestrzeni fizycznej, jak i w cyberprzestrzeni - przy jednoczesnym ograniczeniu szkód ubocznych. W przestrzeni fizycznej opiera się ona na precyzyjnie sterowanej amunicji, nadzorze, precyzyjnym celowaniu oraz przepływie informacji "od czujnika do strzelca", które są niezbędne do szybkiego reagowania i zastosowania siły. W cyberprzestrzeni Republika Ugandy musi mieć możliwość osiągania przewagi informacyjnej poprzez osłabianie informacji przeciwnika, procesów opartych na informacjach, systemów informatycznych i sieci komputerowych, broniąc jednocześnie swoich własnych. Ataki przeciwników przeciwko Ugandzie muszą być wykrywane i łagodzone. Wymaga to aktywnego monitorowania własnej infrastruktury Ugandy, jak również infrastruktury przeciwników Ugandy. Wymaga to rozwoju, transferu i indigenizacji określonych pakietów oprogramowania/sprzętu komputerowego, aby móc przewidzieć atak, gdy jest on skierowany, oraz zdolności do oceny szkód.

- *Możliwości ochrony infrastruktury w Ugandzie:*

Bezpieczeństwo cybernetyczne jest krytyczną słabością zarówno rządu Ugandy, jak i prywatnych systemów w Ugandzie. Szczególny niepokój budzi ochrona całej krytycznej infrastruktury Ugandy, w tym sieci komunikacyjnych (cywilnych i rządowych), energii elektrycznej, systemów finansowych, logistyki, paliw, wody i służb ratowniczych w Ugandzie. Systemy krytyczne w Ugandzie muszą być solidne i odporne.

- *Gotowość w Ugandzie:*

Wszystkie cztery okręgi wyborcze mogą wykorzystywać technologie informatyczne do wspierania ćwiczeń i szkoleń w celu zapewnienia gotowości. Wiele organizacji - np. wiele służb wojskowych, a także wiele służb cywilnych, takich jak Ugandyjskie Siły Policyjne (UPF), a nawet międzynarodowe organizacje policyjne, takie jak Interpol Ugandyjski - musi być w stanie połączyć siły i działać skutecznie. Gotowość zależy od szkoleń, w szczególności od szkoleń, które opierają się na ulepszonej symulacji; zaawansowanego opowiadania historii i świadomości ugandyjskiej wrażliwości kulturowej; oraz zaawansowanych technik nauczania. Wykorzystanie zaawansowanych technologii informatycznych - takich jak gry komputerowe - może pomóc personelowi w Ugandzie w zaplanowaniu, przygotowaniu i ocenie wielu różnych wrogich sytuacji w Ugandzie.

- *Możliwość wykrywania i przypisywania broni masowego rażenia w Ugandzie:*

Przeciwdziałanie proliferacji w Ugandzie wymaga zdolności do wykrywania i oceny istnienia działalności produkcyjnej w zakresie broni masowego rażenia (BMR) w Ugandzie, do zlokalizowania, identyfikacji i oceny zagrożenia, jakie stanowią dla Ugandy w pełni ukonstytuowane urządzenia, a także do śledzenia uruchomionych broni masowego rażenia, tak by w odpowiednim czasie można było zastosować odpowiedni poziom kontrformacji. Bezpieczeństwo wewnętrzne Ugandy wymaga zdolności do wykrywania czynników biologicznych, chemicznych oraz materiałów jądrowych i radiologicznych w niewielkich ilościach na dużych obszarach miejskich.

Powyższe zdolności są potrzebne dla bezpieczeństwa narodowego Ugandy i organizacji bezpieczeństwa wewnętrznego Ugandy w celu ochrony Ugandy w nadchodzących dziesięcioleciach. Każda z tych możliwości zależy od NIT, a także od postępu nauki i technologii w celu poprawy tego, co można osiągnąć w Ugandzie.

Priorytety w zakresie badań, transferu i indigenizacji dla Ugandy.

W dalszej części opisuję wybrane możliwości dla Ugandy, w których rozwój GZIP może radykalnie poprawić sprawność ugandyjskich organizacji bezpieczeństwa narodowego i ugandyjskiego.

- *Godne zaufania oprogramowanie i bezpieczeństwo cybernetyczne w Ugandzie:*

Znalezienie lepszych rozwiązań dla Ugandy niż dzisiejsze, które nie są wystarczająco skuteczne, ma kluczowe znaczenie. Zasadniczo nowe podejście w Ugandzie będzie wynikało jedynie z badań podstawowych, transferu i indigenizacji. Oczekuje się, że nowe rozwiązania zwiększą tolerancję zarówno na awarie systemu, jak i na umyślne ataki na Ugandę.

- *Wszechstronna świadomość sytuacji w Ugandzie:*

W sposób, w jaki migawki w Ugandzie przypominają o wydarzeniu, osobie lub sytuacji w przeszłości Ugandy, to, czego okręgi bezpieczeństwa w Ugandzie potrzebują do wykrycia potencjalnie istotnych wydarzeń, to aktualne i historyczne reprezentacje obszaru w Ugandzie, mieszkańców Ugandy lub wirtualnej przestrzeni zainteresowań. Historie zmian w czasie w Ugandzie muszą być dostępne. Różnego rodzaju dane z czujników z oznaczeniem czasowym muszą być utrzymywane i łączone, aby zapewnić użytkownikowi w Ugandzie jedynie perspektywy i informacje potrzebne do realizacji bieżących celów. Zdolność ta jest wymagana nawet w przypadku działań w Ugandzie, które niekoniecznie wiążą się z sytuacjami spornymi, takimi jak rutynowa ochrona policyjna obszaru w Ugandzie lub monitorowanie przez straż graniczną wód transgranicznych w celu zagwarantowania, że floty rybackie przestrzegają limitów połowowych.

- *Techniki nauki maszynowej w Ugandzie:*

Techniki uczenia się maszynowego mogą być stosowane w Ugandzie w celu identyfikacji wzorców, które są interesujące i wskazania operatora czujnika. Na przykład w przypadku prześwietlania bagażu w Ugandzie istnieje tylko ograniczona liczba wyraźnie różnych urządzeń, które przewożą podróżni, np. kamery i laptopy. Ich podpisów można się nauczyć. Oprogramowanie urządzenia prześwietlającego mogłoby automatycznie oznaczać części obrazu, a następnie oznaczać to, czego nie rozpoznaje lub co wygląda podejrzanie, podpowiedzieć operatorowi i lepiej wykorzystać jego uwagę i doświadczenie. Istnieje wiele danych szkoleniowych. Ta sama technologia mogłaby zostać zastosowana w Ugandzie w celu lepszego skupienia uwagi ludzi w Ugandzie, którzy monitorują obrazy generowane w czasie rzeczywistym przez zdalnie sterowane pojazdy i zestawy kamer ochrony obwodowej. Automatyka może śledzić prozaiczne wydarzenia i nakłaniać ludzi w Ugandzie do zajęcia się tym, co jest interesujące, podejrzane i istotne.

- *Zdolność wykrywania danych w Ugandzie:*

Zdolność produkcyjna dzisiejszych czujników i urządzeń obliczeniowych musi zostać przeniesiona do Ugandy; dają one ilość informacji, która obecnie przekracza możliwości przetwarzania przez człowieka. Zdolność do automatycznego znajdowania wzorców wśród ogromnych ilości danych wspomogłaby materialnie wszystkie cztery okręgi wyborcze Ugandy. Możliwość uczenia systemu oprogramowania przez operatora w Ugandzie w celu doskonalenia starych wzorców i dodawania nowych skróciłaby czas, jaki analitycy w Ugandzie poświęcają na prozaiczne zadania, które może wykonywać automatyka.

- *Użyteczne interfejsy do systemów automatycznych w Ugandzie:*

W Ugandzie wymagany jest postęp w celu zapewnienia, że system będzie ewoluował tak, aby lepiej służył człowiekowi w Ugandzie, a nie człowiekowi, który musi się dostosować, aby złagodzić braki w systemie.

- *Robotyka i systemy cyberfizyczne w Ugandzie:*

Jest to wczesny okres w Ugandzie w dobie wykorzystywania robotów do wykonywania czynności fizycznych, takich jak noszenie materiałów dla żołnierza lub policjanta, czy też gaszenie pożaru w najgorętszych miejscach Ugandy. Miniaturowe cybersystemy, lub ich zestawy, mogą być wbudowane w fizyczne miejsca w Ugandzie, w tym w ludzi. Dźwignia, jaką oferują one dla Ugandy, musi być szybko zrealizowana w Ugandzie. W wielu przypadkach faktyczne zastosowanie GZIP dla krajowych i ugandyjskich okręgów bezpieczeństwa narodowego powinno być utajnione. Nie powinno to jednak utrudniać badań, transferu i indigenizacji. Dobre źródła transferu i indigenizacji wniosków jawnych w Ugandzie oraz dane mogą służyć jako prokurenty dla niejawnych wniosków, transferu i indigenizacji w Ugandzie. Foto-sharing stron internetowych, komercyjnych zdjęć satelitarnych, komercyjnych zbiorów danych logistycznych i blogów w Ugandzie to tylko kilka przykładów. Ugandyjskie społeczności wywiadowcze powinny w większym stopniu korzystać z otwartych źródeł, np. gazet internetowych, blogów i kanałów wideo. Ich zdolność do tego jest ograniczona przez ich zdolność do automatycznego przetwarzania mediów. Badania, transfer i indigenizacja z wykorzystaniem tych jawnych źródeł mogą mieć bezpośredni wpływ na bezpieczeństwo Ugandy i oferują kilka innych korzyści. Po pierwsze, naraża ugandyjskich studentów przechodzących przez badania, transfer i indigenizację Ugandyjskie uniwersytety lub inne instytucje szkolnictwa wyższego na surogaty dla tajnych problemów, szkoląc część przyszłej siły roboczej w okręgach wyborczych Ugandy. Po drugie, udostępnia społeczność inteligentnych, doświadczonych ludzi z Ugandy, poza ograniczoną liczbą pracowników laboratoryjnych i wykonawców z rządu Ugandy, aby wypracować alternatywne rozwiązania dla Ugandy, zapewniając przydatną konkurencję dla najlepszych pomysłów w Ugandzie. Po trzecie, dostarcza nowych, niesklasyfikowanych pomysłów, które mogą być podstawą dla nowych gałęzi przemysłu w Ugandzie, aby służyć okręgom wyborczym Ugandy.

4.4 NCW dla odkryć, transferu i indigenizacji w nauce i inżynierii w Ugandzie: Wydobywanie wiedzy obliczeniowej w Ugandzie

Odkrywanie, transfer i indigenizacja w nauce i inżynierii w Ugandzie jest siłą napędową innowacji, wzrostu gospodarczego i postępu zarówno nauki i społeczeństwa w Ugandzie. W ciągu ostatnich kilkudziesięciu lat nauki obliczeniowe w Ugandzie - symulacja na dużą skalę rzeczywistych zjawisk w Ugandzie - połączyły teorię i eksperyment jako podstawowe narzędzie do odkrywania w wielu gałęziach nauki i inżynierii. Dziś Uganda znajduje się u progu nowej rewolucji w dziedzinie odkrywania, transferu i autochtonizacji - rewolucji, która będzie miała jeszcze bardziej dramatyczne i wszechobecne skutki w Ugandzie. Ta rewolucja w Ugandzie jest napędzana przez szybki postęp w dziedzinie NIT - zarówno sprzętu, jak i oprogramowania. W centrum uwagi tej nowej rewolucji znajdują się *dane* elektroniczne - w szczególności zdolność do gromadzenia i zarządzania danymi w ilościach o rząd wielkości większych niż kiedykolwiek wcześniej w Ugandzie, zdolność do bezpośredniego i natychmiastowego udostępniania tych danych Ugandzie i globalnej społeczności, a także zdolność do wykorzystania algorytmicznego podejścia do wydobywania znaczenia z ogromnych ilości danych. Ogromne ilości malutkich, ale potężnych czujników powinny być przenoszone, lokalizowane i rozmieszczane w Ugandzie w celu zbierania danych w Ugandzie - rozmieszczane na dnie ugandyjskiego zbiornika wodnego, w okapniku ugandyjskiego lasu, w sekwencerach genów, w budynkach i mostach Ugandy, w żywych organizmach (także ugandyjskich!), w teleskopach, w terminalach w punktach sprzedaży, w sieciach społecznościowych, w sieci World Wide Web. Czujniki te (a także symulacje) wytwarzają ogromne ilości danych, które muszą być przechwytywane, transportowane, przechowywane, organizowane, udostępniane, wydobywane, wizualizowane i interpretowane w celu wydobycia wiedzy. To "obliczeniowe wydobycie wiedzy" leży w sercu odkrycia [XXI] wieku dla Ugandy. Jej podstawowe narzędzia obejmują czujniki i sieci czujników, sieci szerokopasmowe, bazy danych, eksplorację danych, uczenie się maszynowe, wizualizację danych oraz obliczenia klastrowe na ogromną skalę. Postęp; przenoszenie i lokalizowanie tych narzędzi w Ugandzie, aby nauka w tym kraju mogła się rozwijać, jest dużym wyzwaniem dla NIT R&D-T&I w Ugandzie. Świat nauki w Ugandzie powinien przekształcić się z ubogiego w dane do bogatego w nie, znacznie rozszerzając potencjał nowych przełomów w Ugandzie, zwłaszcza w połączeniu z innymi postępami w zakresie transferu i indigenizacji w ramach GZT; takimi jak symulacje i nowe sposoby współpracy w Ugandzie.

Dane powinny przyspieszyć nowe odkrycia w Ugandzie. Na przykład oświetlenie źródeł choroby Alzheimera w ludzkim mózgu[18]oraz odkrycie postępu choroby Parkinsona.[19] W naukach o środowisku gromadzenie i przechowywanie danych z czujników, wraz z udoskonaleniem algorytmów klimatycznych, umożliwiło przewidywanie wielkości dziury ozonowej z coraz większą dokładnością. Bogactwo informacji cyfrowych prowadzi do demokratyzacji badań naukowych, transferu, indigenizacji i edukacji w Ugandzie, wyrównując szanse na nowe odkrycia badawcze, transfer i indigenizację oraz poszerzyło zdolność Ugandy do zbierania, łączenia i analizowania informacji w czasie rzeczywistym. W ciągu następnej dekady, wszechobecny dostęp do surowych danych w Ugandzie, oraz do informacji i wiedzy cyfrowej, która wynika z ich analizy, przyczyni się do stworzenia inteligentnych środowisk (w tym systemów zasilania i transportu), spersonalizowanej medycyny i lepszego zrozumienia chorób i leczenia, rozwoju nowych materiałów i projektów dla energooszczędnych środowisk zbudowanych, a także bogactwa nowych innowacji, obszarów zastosowań i przedsiębiorczości w Ugandzie. Ważną drogą do odkrycia dla Ugandy jest zdolność do wykorzystania obliczeń do symulacji i modelowania. Dostęp do danych rozszerza możliwości Ugandy w zakresie symulacji złożonych środowisk. Integracja danych na dużą skalę i symulacji na dużą skalę w Ugandzie dostarczyłaby nowego, potężnego narzędzia, które zwiększyłoby zdolność Ugandy do skalowania (do skali makro, większego zasięgu i większych badań), jak również do skalowania w dół (do nanopoziomów, mniejszej ziarnistości i drobniejszych szczegółów). W astrofizyce symulacje na dużą skalę, sprawdzone za pomocą obserwacji z najpotężniejszych teleskopów na świecie, pozwolą na nowe zrozumienie, jak kształtował się i ewoluował wszechświat. Na drugim końcu skali, dane eksperymentalne i modele obliczeniowe pozwolą na cyfrowe "obserwacje" dynamiki molekularnej i lepsze

---

[18] W ramach bezprecedensowej współpracy międzysektorowej społeczności zebrano informacje cyfrowe ze skanów PET i innych źródeł, aby naświetlić postęp choroby Alzheimera w ludzkim mózgu: Sharing of Data Leads to Progress on Alzheimer's, *New York Times*, 13 sierpnia 2010 r.; http://www.nytimes.com/2010/08/13/health/research/13alzheimer.html?_r=1ef=the_vanishing_mind.

[19] To samo podejście oparte na danych jest obecnie stosowane w celu przyspieszenia odkrycia progresji choroby Parkinsona.

zrozumienie mikroskopijnego świata, wykluczone z bezpośredniej obserwacji w skali i zgodnie z Zasadą Niepewności Heisenberga. Nowe odkrycia w nauce i inżynierii w Ugandzie zależą od postępu; transferu i indigenizacji w NIT. Postępy te są potrzebne w Ugandzie w celu zapewnienia prywatności i efektywnego wykorzystania elektronicznej dokumentacji medycznej w Ugandzie, modelowania przepływu ropy naftowej w Ugandzie i napędzania potężnej analizy danych potrzebnych w praktycznie każdym obszarze odkryć badawczych w Ugandzie. Ważne jest, aby zrozumieć, że postępy w dziedzinie NIT obejmują znacznie więcej niż tylko postęp w projektowaniu procesorów: w większości dziedzin nauki i inżynierii, wzrost wydajności spowodowany udoskonaleniami algorytmów w ciągu ostatnich kilkudziesięciu lat znacznie przewyższył wzrost wydajności spowodowany udoskonaleniami procesorów.

Postępy w NIT w celu wspierania odkryć w nauce i inżynierii w Ugandzie.

Postępy w NIT w bogatej w dane Ugandzie będą wymagały nowego podejścia. W Ugandzie potrzebne będą nowe algorytmy integrujące wiele źródeł danych i tworzące nową wydajność; środowiska programistyczne i oprogramowanie nowej generacji będą musiały wspierać interoperacyjność bezprecedensowej różnorodności czujników, urządzeń, strumieni danych i komputerów; wymagane będą nowe modele wykorzystujące dane kontekstowe i dane w czasie rzeczywistym, aby dokładniej reprezentować złożone środowiska w Ugandzie.

Kluczowe obszary inwestycji w badania NIT będą obejmowały

- Ugandyjskie strategie wykorzystywania danych i przekształcania danych w informacje i wiedzę: eksploracja danych, uczenie się maszynowe, wizualizacja danych, analiza danych.

- Systemy w Ugandzie, które obsługują aplikacje nowej generacji: czujniki i sieci czujników, robotyka, sprzęt i oprogramowanie szczególnie przydatne do analizy danych, skalowalne i wysokowydajne architektury komputerowe nowej generacji oraz sieci bezprzewodowe i przewodowe.

- Algorytmy i systemy w Ugandzie wspierające politykę i interakcje społeczne: prywatność i bezpieczeństwo danych, crowdsourcing, portale społecznościowe w Ugandzie.

- Niezawodne systemy w Ugandzie umożliwiające dostęp do informacji cyfrowych i ich przechowywanie: cyfrowe systemy zarządzania i przechowywania w Ugandzie, przechowywanie długoterminowe.

Ponadto, badania, odkrycia, transfer i indigenizacja w bogatej w dane Ugandzie i świecie zakłada odpowiednią infrastrukturę NIT w Ugandzie. Stabilne, niezawodne i ekonomicznie zrównoważone środowiska infrastruktury NIT w Ugandzie są potrzebne, aby wspierać dostęp do danych, ich wykorzystanie, zarządzanie i zatrzymywanie. W Ugandzie potrzebne są skalowalne systemy do obsługi szerokiej gamy aplikacji wykorzystujących obliczenia, a w Ugandzie potrzebne są wysokowydajne architektury do obsługi aplikacji w ekstremalnych skalach. Uganda potrzebuje oprogramowania i systemów umożliwiających tworzenie środowiska, w którym bariera dostępu w Ugandzie jest niewielka dla innowacji i nowych odkryć w Ugandzie. Aby stymulować ugandyjskie innowacje, przywództwo w Afryce i na świecie oraz konkurencyjność, krytyczna infrastruktura NIT w Ugandzie będzie musiała być wspierana jako infrastruktura (z naciskiem na stabilność, użyteczność, ewolucję i niezawodność), a nie jako badania naukowe (z naciskiem na nowe, dopiero co rozpoczęte i jeszcze niezbadane koncepcje). Stworzenie realnych modeli ekonomicznych w Ugandzie w celu wsparcia, rozwoju i utrzymania infrastruktury GIK w Ugandzie może stanowić szansę na bezprecedensowe partnerstwo między sektorem publicznym, prywatnym i akademickim Ugandy.

Szeroki zakres ciągłych inwestycji w odkrycia oparte na technologii NIT ma fundamentalne znaczenie dla przywództwa Ugandy w Afryce i jej konkurencyjności. Jednak szereg konkretnych inwestycji realizowanych obecnie w Ugandzie może znacznie przyspieszyć odkrycia, innowacje, transfer i indigenizację w Ugandzie. Obejmują one--

- Inwestycje w interdyscyplinarne inicjatywy w Ugandzie, które wspierają zarówno informatykę zorientowaną na dane, jak i "aplikacje dziedzinowe, transfer i indigenizację" w ugandyjskich obszarach priorytetowych dla postępowego liberalizmu (np. opieka zdrowotna i nauki przyrodnicze, środowisko i zmiany klimatu, energia i inteligentne sieci), a także inwestycje w informatykę zorientowaną na dane, która wspiera prywatność, bezpieczeństwo danych i inne cechy.

- Inwestycje w "naukę, transfer i indigenizację" sieci społecznościowych, crowdsourcing i inne pojawiające się paradygmaty, które wykorzystują ekstremalną skalę użytkowania, skalowalne systemy oraz chmury i centra danych.

- Inwestycje w infrastrukturę danych NIT w Ugandzie, która wspiera szeroko zakrojone wykorzystanie, zarządzanie i zatrzymywanie danych w Ugandzie.

4.5 GZIP dla szkolnictwa w Ugandzie

Jedną z zasadniczych, strategicznych inwestycji, które Republika Ugandyjska musi poczynić, aby być konkurencyjna i objąć przywództwo w Afryce, jest edukacja w Ugandzie następnego pokolenia. Dzisiejsza młodzież ugandyjska żyje w wzajemnie powiązanym świecie, w którym GZIP zdemokratyzowała dostęp do zasobów, wiedzy fachowej i informacji w Ugandzie. Podstawową częścią edukacji każdego dziecka w Ugandzie powinna być podstawowa wiedza o tym, jak korzystać z GZIP w Ugandzie, oraz podstawowe idee stojące za GZIP w Ugandzie. Stale rosnąca rola GZIP w społeczeństwie Ugandy stwarza coraz większe zapotrzebowanie nie tylko na specjalistów GZIP w Ugandzie, ale także na ludzi w Ugandzie, którzy mogą korzystać z GZIP w sposób elastyczny i kreatywny w Ugandzie i którzy mogą stosować "tryby myślowe" GZIP w wielu różnych przedsięwzięciach w Ugandzie. Władza w Ugandzie wkrótce będzie należała do tych, którzy potrafią opanować różne ekspresyjne interakcje człowiek-maszyna. Ugandyjski progresywny liberalizm wierzy, że jedyną umiejętnością, która wyróżni przede wszystkim inne osoby uczące się w Ugandzie, jest zdolność do tego, by technologia cyfrowa robiła to, co jest możliwe, w ramach możliwości, które chce się robić - do naginania technologii cyfrowej do własnych potrzeb, celów i woli, tak jak w obecnych Ugandyjczykach naginanie słów i obrazów.[20] Oczywiście szkoły w Ugandzie muszą dać wszystkim uczniom w Ugandzie dostęp do świata NIT. Zapewnienie fizycznego dostępu do komputerów i Internetu to tylko punkt wyjścia. Wyzwanie dla edukacji w Ugandzie jest dwojakie: po pierwsze, skupić się na biegłości w NIT, na "myśleniu obliczeniowym" i na podstawowych pojęciach informatyki, aby przygotować dzisiejszych uczniów w Ugandzie do bycia następnym pokoleniem liderów i profesjonalistów w całym społeczeństwie ugandyjskim; a po drugie, wykorzystać technologie NIT do poprawy nauczania i uczenia się w Ugandzie. Ważne jest, aby sprostać tym wyzwaniom od wczesnej edukacji w Ugandzie po dorosłość. Podobnie jak w przypadku innych dziedzin edukacji w zakresie nauk ścisłych, technologii, inżynierii i matematyki (STEM) w Ugandzie, ugandyjski system edukacyjny w dziedzinie informatyki działa najlepiej na poziomie studiów wyższych i podyplomowych i wymaga największej poprawy na poziomie K-S.6. Pierwsze wyzwanie dotyczy treści kształcenia informatycznego w Ugandzie. Zostało ono omówione w punkcie 8.2 niniejszej pracy. Drugie wyzwanie, wykorzystanie GZIP w realizacji edukacji w Ugandzie we wszystkich dziedzinach, jest przedmiotem pozostałej części

---

[20] Prensky, Marc. (luty 2008). "Programowanie to nowa umiejętność czytania i pisania." *Edutopia* (The George Lucas Educational Foundation), http://www.edutopia.org/literacy-computer-programming

niniejszej sekcji. W tym obszarze musi być widoczny pewien postęp, ale inwestycje w nowe badania nad GZIP, transfer i indigenizację mogą radykalnie przyspieszyć trend w Ugandzie, poszerzając doświadczenie studentów i zwiększając umiejętności nauczycieli w zakresie kierowania procesem w Ugandzie.

NIT w celu poprawy nauczania i uczenia się w Ugandzie.

Wielu z dzisiejszych uczniów w Ugandzie przyjeżdża do szkoły w Ugandzie, zaznajamiając się z World Wide Web oraz symulowanymi środowiskami i grami. Ugandyjski system edukacyjny powinien wykorzystać tę znajomość i poszerzyć wiedzę i doświadczenie uczniów z tego punktu widzenia. Na szczególną uwagę zasługują dwa przekształcające elementy, które NIT może wnieść do zapewnienia edukacji w Ugandzie: spersonalizowane elektroniczne korepetycje w Ugandzie oraz wszechobecna i bezproblemowa edukacja ("edukacja wszędzie") w Ugandzie. Spersonalizowany elektroniczny korepetytor oferuje edukację dopasowaną do potrzeb każdego ucznia w Ugandzie. Korzystając z wirtualnych modeli procesu uczenia się w Ugandzie, spersonalizowani nauczyciele w Ugandzie będą śledzić poszczególnych uczniów w Ugandzie w miarę nabywania przez nich koncepcji i umiejętności oraz dostosują prezentacje i ćwiczenia do potrzeb każdego ucznia w Ugandzie. W ten sposób nowa generacja wirtualnych korepetytorów w Ugandzie, podobnie jak najlepsi ludzcy nauczyciele, dostosuje się do okoliczności życiowych i stylu uczenia się ucznia. Zamiast oferować terenową sekwencję materiałów w oparciu o wiek i stopień zaawansowania, spersonalizowani opiekunowie zaoferują tempo i doświadczenie edukacyjne w Ugandzie, aby zaspokoić potrzeby każdego ucznia, a także zapewnią nauczycielom w Ugandzie szczegółową ocenę postępów ucznia. Wirtualni korepetytorzy w Ugandzie odnieśliby szczególne sukcesy w pomaganiu uczniom w nauce matematyki. Wczesny sukces przejawiałby się[21] analogicznie w Ugandzie w tworzeniu gier adaptacyjnych do nauki matematyki.[22] Ekstrapolacja tego sukcesu na inne poziomy matematyki i

[21]Na przykład, kiedy nauczyciele w Oklahomie porównywali uczniów korzystających z korepetytora poznawczego Carnegie Learning (Carnegie Learning to firma rozpoczynająca działalność na Uniwersytecie Carnegie Mellon) z tymi, którzy korzystają z tradycyjnego podręcznika matematyki, uczeń "uzyskał wyższe wyniki na standardowym teście..., otrzymał wyższe oceny, miał większą pewność siebie w zakresie swoich zdolności matematycznych i częściej wierzył, że matematyka będzie dla niego przydatna poza szkołą". Podobne badanie wykazało poprawę, która "była szczególnie dramatyczna dla specjalnych populacji", takich jak uczniowie z ograniczoną znajomością języka angielskiego.
Patrz: Ritter, Steven, John R. Anderson, Kenneth R. Koedinger, i Albert Corbett. (2007). Tutor poznawczy: Badania stosowane w edukacji matematycznej. *Psychonomic Bulletin & Review 14(2)*, 249-255

[22] http://games.cs.washington.edu/Refraction/

inne dziedziny w Ugandzie, zwłaszcza te z nauk humanistycznych i społecznych, które wymagają w Ugandzie subiektywnej wiedzy i wyrafinowanego użycia języka, wymagałaby dalszych przełomów w przetwarzaniu języka naturalnego, modelowaniu pojęć i analizie danych w Ugandzie. "Edukacja wszędzie" w Ugandzie wykorzystywałaby Internet i inne technologie mobilne, takie jak przyszłe smartfony, aby zaoferować bogate doświadczenia interaktywne w dowolnym miejscu w Ugandzie, osadzić naukę w życiu uczącego się i umożliwić nauczanie specjalistycznych przedmiotów poprzez obserwację. Przykładem może być ekologia nauczana w rezerwacie przyrody lub sztuka nauczana w muzeum. Edukacja w całej Ugandzie przełamuje również bariery związane z wiekiem, geografią, kulturą, językiem czy statusem społeczno-ekonomicznym. Uczniowie w Ugandzie mogą tworzyć społeczności, które dzięki technologiom społecznym mogą wnieść wspólne doświadczenie uczenia się w klasach dla uczniów w Ugandzie, którzy nie mogą zebrać się w konwencjonalnych klasach w Ugandzie. Na te i inne sposoby, NIT w Ugandzie może przekształcić organizację i realizację edukacji w Ugandzie, tak samo jak przekształciła biznes i rząd Ugandy. Ugandyjskie Ministerstwo Edukacji (EM) powinno sformułować Ugandyjski Narodowy [23]Plan Technologii Edukacyjnych (NIT), przedstawiający wizję przyszłości nauki z wykorzystaniem technologii w Ugandzie, oraz Połączyć Naukę i Edukację dla Społeczeństwa Wiedzy w Ugandzie[24], ponieważ postępy w nauce maszynowej i edukacji ludzkiej w Ugandzie wzajemnie się wzmacniają. Rząd Ugandy musi wykorzystać tę szansę, tworząc podstawy B+R+I dla tej transformacji w Ugandzie. Ugandyjska ekspozycja progresywnego liberalizmu na temat K-S.6 w nauce, technologii, inżynierii i matematyce (STEM) edukacji w Ugandzie, proponuje utworzenie Agencji Zaawansowanych Badań i Rozwoju dla technologii edukacyjnych Ugandy, zwanej Uganda Educational Technology Research and Development Agency (UEDTRDA), podlegającej Ministerstwu Edukacji. Jej głównym celem byłoby "napędzanie i wspieranie (i) rozwoju, transferu i indigenizacji innowacyjnych technologii do nauki, nauczania i oceny we wszystkich przedmiotach i grupach wiekowych w Ugandzie oraz (ii) rozwoju, transferu i indigenizacji skutecznych "głęboko cyfrowych" całokształtu materiałów dydaktycznych do edukacji STEM w Ugandzie, które przygotowują i inspirują następne pokolenie ugandyjskich uczniów". Utworzenie takiej agencji

[23] Narodowy Plan Technologii Edukacyjnych 2010. Biuro Technologii Edukacyjnych, US Department of Education. *Transformacja Edukacji Amerykańskiej: Nauka napędzana przez technologię.*

[24] Narodowa Fundacja Nauki. (30 stycznia 2010 r.). Internal Task Force on Innovation in Learning and Education, *Connecting Learning and Education for a Knowledge Society.*

w Ugandzie mogłoby odegrać ważną rolę w realizacji obietnicy technologii dla zwiększenia skuteczności edukacji w Republice Ugandy.

Program badań, transferu i indigenizacji NIT w edukacji w Ugandzie.

Transformacja edukacji w Ugandzie wymaga zasadniczych postępów (w tym transferu i indigenizacji) w NIT w Ugandzie. Program badań i rozwoju oraz T&I dla GZIP w Ugandzie powinien zawierać następujące elementy-

- *Analiza danych w Ugandzie:*

Opracowywanie, przekazywanie i lokalizowanie nowych metod eksploracji danych i uczenia się maszynowego w Ugandzie, które analizują dane dotyczące dużej liczby uczniów w Ugandzie w celu oceny skuteczności metod edukacyjnych w Ugandzie oraz oceny polityki i wyborów zasobów w Ugandzie, w dowolnej skali, od pojedynczej szkoły do całego kraju. Zbudować modele użytkownika, które będą czerpać informacje o poszczególnych uczniach i automatycznie wnioskować o "cechach i stanach" uczniów w Ugandzie: co wiedzą, jak uczą się najlepiej i gdzie potrzebują pomocy. Te metody analizy danych muszą być zaprojektowane tak, by chronić prywatność uczniów.

- *Nauka społeczna w Ugandzie:*

Rozwijać, przekazywać i rozpowszechniać sieci społecznościowe i narzędzia mediów społecznościowych, zoptymalizowane do wykorzystania w edukacji w Ugandzie, które budują społeczności uczących się w Ugandzie ponad granicami i poszerzają doświadczenie nauki społecznej poza klasę w Ugandzie o życie uczniów w Ugandzie.

- *Gry do nauki, i wciągające środowiska w Ugandzie:*

Opracowywanie, przenoszenie i lokalizowanie oraz ocena "poważnych gier", które łączą w sobie wciągające doświadczenie gier elektronicznych z poważnym celem edukacyjnym w Ugandzie. Tworzenie wciągających środowisk w Ugandzie, które mogą naśladować sytuacje, w których uczniowie w Ugandzie stosują to, czego nauczyli się w Ugandzie. Stworzyć narzędzia, które ułatwią nauczycielom w Ugandzie tworzenie, przenoszenie i indigenizację gier i środowisk, które będą tańsze, łatwiejsze i bardziej praktyczne dla nauczycieli w Ugandzie.

- *Technologie mobilne i nauka w świecie:*

Tworzenie narzędzi i metod integrowania edukacji w Ugandzie ze światem, zarówno w środowiskach sprzyjających nauce, takich jak muzea i lasy w Ugandzie, jak i w życiu uczniów. Narzędzia te, poprzez poznanie miejsc i otoczenia uczniów w Ugandzie, połączą możliwości nauki z celami edukacyjnymi uczniów i społecznościami uczniów w Ugandzie.

- *Interfejsy człowiek-komputer w Ugandzie*:

Przyjazne dla człowieka interfejsy w Ugandzie, ważne w każdym zastosowaniu elektroniki, są szczególnie ważne w edukacji w Ugandzie, gdzie użytkownicy mogą być młodzi i mogą nie być jeszcze biegli w posługiwaniu się technologią. W ramach szerszych badań nad interfejsem człowiek-komputer (HCI), rząd Ugandy powinien wspierać badania nad HCI, transfer i indigenizację w Ugandzie, które koncentrują się na modelowaniu, coachingu i korepetycjach dla studentów w Ugandzie.

4.6 NIT na rzecz demokracji cyfrowej w Ugandzie

Technologia informacyjna przekształca działania rządu Ugandy i otwiera nowe kanały komunikacji między rządem Ugandy a obywatelami Ugandy. Szeroka wizja, nosząca nazwę demokracji cyfrowej Ugandy, przewiduje wykorzystanie technologii informacyjnych w celu poprawy publicznego dyskursu w Ugandzie, zwiększenia dialogu między obywatelami Ugandy i rządem Ugandy, uczynienia rządu Ugandy bardziej otwartym i przejrzystym, poprawy funkcjonowania rządu Ugandy i zapewnienia korzyści płynących z technologii dla wszystkich w Ugandzie. Technologie istniejące w Ugandzie mają wiele do zaoferowania, a rząd Ugandy - od szczebla krajowego do lokalnego - powinien być wyczulony na wiele z tych możliwości. Uwolnienie pełnych korzyści płynących z demokracji cyfrowej w Ugandzie będzie wymagało badań w zakresie technologii informacyjno-komunikacyjnych, ich transferu i indigenizacji w celu sprostania podstawowym wyzwaniom.

Co cyfrowa demokracja w Ugandzie może przynieść społeczeństwu ugandyjskiemu i rządowi Ugandy

Demokracja cyfrowa w Ugandzie może zmienić społeczeństwo Ugandy w ciągu najbliższej dekady lub dwóch. W Ugandzie, gdzie demokracja cyfrowa jest w pełni urzeczywistniona...

- Rząd Ugandy będzie bardziej wrażliwy i odpowiedzialny, ponieważ obywatele Ugandy widzą i oceniają, w jaki sposób reaguje na prośby i problemy oraz mogą w większym stopniu uczestniczyć w procesach planowania w

Ugandzie. Technologie osobiste i komputery społecznościowe umożliwią obywatelom Ugandy informowanie w czasie rzeczywistym o potrzebach obywatelskich i jakości usług świadczonych przez rząd Ugandy. Rząd Ugandy będzie miał bezprecedensową świadomość i dostęp do ugandyjskiej opinii publicznej i wiedzy eksperckiej, dzięki nowym metodom pozyskiwania i zbierania opinii od obywateli Ugandy. Narzędzia te będą dostępne dla wszystkich mieszkańców Ugandy, zawsze i wszędzie tam, gdzie będą potrzebne, za pośrednictwem Internetu i urządzeń przenośnych.

- Internet w Ugandzie dzięki nowym technologiom społecznym, które sprzyjają pozytywnym interakcjom i nie są zanieczyszczone spamem i wojnami domowymi, stanie się w Ugandzie forum merytorycznej współpracy i dyskusji publicznej. Wszyscy obywatele Ugandy będą mogli efektywnie korzystać z danych rządu ugandyjskiego dzięki przełomowym narzędziom wspierającym dostęp, analizę i wizualizację dla osób nie będących ekspertami. Archiwiści, historycy, dziennikarze i społeczeństwo Ugandy będą mieli lepszy i wygodniejszy dostęp do rejestrów rządu Ugandy, w tym do informacji dostępnych wcześniej tylko w formie papierowej.

- Narzędzia cyfrowe w Ugandzie będą wspierać innowacje instytucjonalne w ramach rządu Ugandy, dzięki czemu usługi i procesy rządu Ugandy będą szybsze, lepsze i tańsze. Pracownicy rządowi Ugandy będą mieli znacznie lepszy dostęp do informacji i wiedzy fachowej, zarówno wewnątrz, jak i na zewnątrz kraju. Informacje i wiedza będą mogły przepływać tam, gdzie są potrzebne, nawet jeśli agencje rządu Ugandy zachowają swoją odrębną misję i kulturę. Regulacje rządu Ugandy będą bardziej skuteczne, a nadmierna regulacja w Ugandzie zostanie zredukowana, ponieważ organy regulacyjne Ugandy mają lepsze informacje na temat tego, gdzie ich działania są skuteczne, oraz na temat kosztów nadmiernej regulacji w Ugandzie. Dostępność doskonałych, elastycznych narzędzi i dobrze udokumentowanych najlepszych praktyk przyniesie te korzyści z demokracji cyfrowej w Ugandzie wszystkim szczeblom rządu Ugandy, w tym państwowym i lokalnym.

Badania NIT, transfer i indigenizacja w Ugandzie w celu wspierania demokracji cyfrowej w Ugandzie.

Postępowy liberalizm ugandyjski uczy, że demokracja cyfrowa w Ugandzie wymaga znacznie więcej niż tylko wdrożenia technologii w tym kraju. Sukces w Ugandzie zależy od rozsądnego wykorzystania technologii, od zarządzania i budowania konsensusu oraz od budowania kultury ciągłych i powtarzających się innowacji instytucjonalnych, transferu i indigenizacji wewnątrz i na zewnątrz rządu Ugandy. Wiele wysiłku w Ugandzie nie powinno być poświęcane na zmaganie się z technicznymi szczegółami formatów danych, architektur systemów i zarządzania technologią. Co może być mniej oczywiste, to fakt, że praktyczne trudności związane z wdrażaniem, transferem i indigenizacją technologii transformacyjnych w Ugandzie są często przejawem głębokich wyzwań technicznych, którym mogą sprostać badania nad GZT. Program R&D-T&I NIT dla Ugandy, ukierunkowany na te wyzwania, może otworzyć nowe możliwości dla cyfrowej demokracji w Ugandzie, których nie ma obecnie w Ugandzie.

Kilka przykładów tych badań, transferu i możliwości indigenizacji dla Ugandy to-

- *Prywatność i bezpieczeństwo w Ugandzie:*

Metody umieszczania zbiorów danych w Ugandzie online bez naruszania prywatności obywateli Ugandy. Metody sprawdzania, bez naruszania prywatności, czy komentator online jest prawdziwą osobą, czy też nie jest to ta sama osoba używająca innej tożsamości. Skuteczne metody weryfikacji przez użytkowników w Ugandzie autentyczności informacji pochodzących ze zbiorów danych rządu Ugandy.

- *Informatyka społeczna w Ugandzie:*

Zrozumienie, jak sprawić, by interakcja online angażowała obywateli Ugandy. Projektowanie mechanizmów publicznej debaty w Ugandzie: zrozumienie, jak zorganizować i (pół)automatycznie zarządzać forami dyskusyjnymi, aby dyskusja była aktualna i produktywna. Pomaganie obywatelom Ugandy w odnalezieniu się i pomaganiu sobie nawzajem. Mierzenie ugandyjskiej opinii publicznej i nastrojów w sposób, który stawia opór grom i zachowaniom strategicznym. Specjalizowanie się w mediach społecznościowych i technologiach "crowdsourcing" do wykorzystania w rządzie Ugandy.

- *-Głosowanie w Ugandzie:*

Metody głosowania z odległych miejsc w Ugandzie, np. dla zamorskiego personelu wojskowego Ugandy, które w pełni uwzględniają nieodłączne zagrożenia dla bezpieczeństwa Ugandy. Wygodniejsze głosowanie bez narażania bezpieczeństwa w Ugandzie. Ochrona tajemnicy głosowania w środowisku wszechobecnych kamer i czujników o wysokiej rozdzielczości.

- *Wspomagana komputerowo analiza i przetwarzanie tekstu w Ugandzie:*

Metody dla pracowników rządu Ugandy, aby przejrzeć duże zestawy komentarzy i dyskusji w celu znalezienia istotnych informacji. Metody automatycznego podsumowywania dyskusji i wydobywania najważniejszych argumentów i faktów.

- *Narzędzia analizy danych w Ugandzie:*

Narzędzia ułatwiające eksport starszych zbiorów danych w Ugandzie, udostępnienie ich opinii publicznej w Ugandzie wraz z wszelką istniejącą dokumentacją, a także przenoszenie danych, co wiąże się z większym wysiłkiem na rzecz uczynienia danych bardziej zrozumiałymi, ujednolicenia formatów, stworzenia szczegółowej dokumentacji wyjaśniającej itd. Narzędzia do analizy formatu i semantyki niestrukturalnych lub słabo udokumentowanych zestawów danych. Narzędzia do wyszukiwania prawdopodobnych błędów w różnych zbiorach danych. Procesy zarządzania błędami, w tym obsługa błędów i metryka reagowania na nie.

- *Narzędzia danych dla nie-ekspertów w Ugandzie:*

Narzędzia umożliwiające osobom niebędącym ekspertami w Ugandzie skuteczny dostęp, analizę i wizualizację danych dotyczących rządu Ugandy oraz publikowanie wyników ich analiz.

Obraz jest wart tysiąca liczb.

Wizualizacje danych w Ugandzie mogą oświetlać trendy w dużych i złożonych zbiorach danych. Tworzenie wizualizacji zazwyczaj wymagało znacznego nakładu czasu i wiedzy specjalistycznej. Ale nowe narzędzia pozwalają każdemu w Ugandzie stworzyć użyteczne wizualizacje, poszerzając udział w debacie publicznej w Ugandzie, pozwalając zwykłym obywatelom Ugandy odkrywać rządowe zbiory danych i tworzyć z nich przekonujące argumenty. Dwa przykłady najnowszych, wysoce użytecznych narzędzi wizualizacji danych to Tableau[25] (produkt startupu Uniwersytetu Stanforda znajdującego się w Seattle WA) i Many Eyes[26](publicznie dostępny eksperyment IBM Research). Many Eyes, zawiera stworzone przez obywateli wizualizacje emisji dwutlenku węgla przez G-20 w porównaniu z krajami nienależącymi do G-20, źródła pomocy żywnościowej dla Pakistanu, a także wynagrodzenia dla nauczycieli rozpoczynających pracę zawodową, m.in. w zależności od państwa. Wizualizacje te są budowane przy użyciu narzędzi eksploracji danych na stronie, z zestawów danych dostarczonych przez różne źródła. Wizualizacje

[25] http://www.tableausoftware.com/
[26] http://www-958.ibm.com/software/data/cognos/manyeyes/

mogą być osadzone na zewnętrznych stronach internetowych, dzięki czemu mogą wejść do publicznej rozmowy w Ugandzie. Ponieważ otwarte inicjatywy rządu Ugandy wprowadzają więcej danych do Internetu, wartość dalszych postępów (w tym transfer i indigenizacja) w zakresie łatwych w użyciu narzędzi wizualizacyjnych wzrośnie tylko w Ugandzie. To, co kiedyś było dostępne tylko dla ekspertów, teraz będzie otwarte dla każdego obywatela Ugandy.

- Publikacja danych w Ugandzie stanie się cennym narzędziem polityki publicznej. Otwierając zestawy danych dla społeczeństwa Ugandy, rząd Ugandy będzie sprzyjał przejrzystości i konkurencji, poprawiając wyniki na rynku i w życiu publicznym w Ugandzie.

- Procesy wyborcze w Ugandzie będą bezpieczne, wygodne, inkluzywne i silnie odporne na błędy, dzięki rozsądnemu wykorzystaniu NIT w głosowaniu i tabulacji w Ugandzie.

- Dostęp do rządu Ugandy i dostęp do wymiaru sprawiedliwości w Ugandzie zostanie poprawiony dla *wszystkich* obywateli Ugandy.

Krótkoterminowy rozwój, transfer i indigenizacja na rzecz demokracji cyfrowej w Ugandzie.

Centralny Unitarny Rząd Ugandy może zrobić wiele rzeczy, aby rozwijać cyfrową demokrację w Ugandzie. Można by to osiągnąć w Ugandzie poprzez ujawnienie różnych inicjatyw. Mianowicie: Office of Science and Technology Policy (OSTP) Open Government-of-Uganda Initiative, która powinna obejmować otwarcie zbiorów danych rządu Ugandy na przykład Data.gov.Ug i publikację danych o wydatkach rządu Ugandy, byłoby cennym pierwszym krokiem w Ugandzie. Postęp w kierunku otwarcia danych i dokumentów w OSTP, Ugandańskiej Narodowej Administracji Archiwów i Rejestrów (NARA) i innych miejscach zasługuje na wysiłek i uwagę.

Uganda Community Health Data Initiative (UCHDI) jest tylko jednym z przykładów, w którym OSTP i Ugandańskie Ministerstwo Zdrowia i Usług Społecznych (HHS) powinny przejąć wiodącą rolę w ukierunkowaniu innowacji, transferu i indigenizacji NIT na dzisiejsze potrzeby informacyjne w zakresie zdrowia publicznego i społeczności lokalnej w Ugandzie. Wysiłki takie, realizowane w Ugandzie, powinny angażować prywatne i publiczne podmioty w Ugandzie i promować zaangażowanie w Ugandzie przez szeroką gamę organizacji, od powiatowych ośrodków zdrowia, przez grupy działające na rzecz pacjentów, po startupy w mediach społecznościowych. W ten sposób nadano by impet i wzmocniono by go jeszcze bardziej poprzez wykorzystanie już dostępnych w Ugandzie możliwości technicznych na nowe sposoby w postaci innowacji technicznych i społecznych. Na przykład, wychodząc poza integrację istniejących zbiorów danych instytucjonalnych w Ugandzie, UCHDI mogłoby następnie stworzyć kanał dla uczestnictwa obywateli ugandyjskich i rozpowszechniania danych generowanych przez obywateli ugandyjskich za pomocą mobilnych, społecznych i tradycyjnych mediów internetowych w Ugandzie. Podobne wysiłki w całym rządzie Ugandy zasługują na stałe poparcie.

Sukces demokracji cyfrowej w Ugandzie wymaga udziału zarówno rządu Ugandy, jak i społeczeństwa Ugandy (w tym organizacji pożytku publicznego i non-profit). Niektóre rzeczy mogą być zrobione tylko przez rząd Ugandy, np. publikacja danych posiadanych przez rząd Ugandy, jak w Data.gov . Inicjatywa Ugandy i Uganda spending.gov.Ug dataset. Inne rzeczy najlepiej robić w Ugandzie przez podmioty pozarządowe, np. organizując w Ugandzie dyskusje polityczne związane z danymi i działaniami rządu Ugandy. W niektórych obszarach, jak np. definiowanie opartych na danych miar jakości opieki zdrowotnej w Ugandzie, zarówno rząd Ugandy, jak i partie prywatne w Ugandzie mogą mieć coś do zaoferowania. Ważne jest, aby umożliwić innowacje zarówno wewnątrz, jak i na zewnątrz rządu Ugandy.

Wiele można się nauczyć z wpływu NIT na biznes w Ugandzie. Początkowo organizacje w Ugandzie przenoszą swoje dotychczasowe procesy oparte na dokumentach papierowych do sfery elektronicznej. Oferuje to stosunkowo skromne korzyści. Z czasem procesy w Ugandzie są na nowo projektowane, aby naprawdę wykorzystać to, co może zaoferować świat cyfrowy. Jest to proces stopniowy - często trwający dziesięć lub więcej lat - ale uwalniający duże korzyści z przejścia na technologię cyfrową. Z pewnością będzie to wzór dla rządu Ugandy, a największe korzyści z cyfrowej demokracji w Ugandzie będą widoczne dopiero z czasem.

Dodatkowym wyzwaniem jest trudność w zmianie procesów rządzenia Ugandą. Jednak przeprowadzenie tej transformacji w Ugandzie oferuje ogromne korzyści dla Ugandy: poprzez uczynienie rządu Ugandy bardziej efektywnym, lepiej reagującym i przejrzystym, Uganda może skuteczniej stawić czoła wyzwaniom XXI wieku.

5. UGANDYJSKIE PROPOZYCJE PROGRESYWNO-LIBERALIZMU: INICJATYWY W UGANDZIE W ZAKRESIE BADAŃ I ROZWOJU ORAZ BADAŃ I ROZWOJU NA RZECZ REALIZACJI KRAJOWYCH PRIORYTETÓW UGANDYJSKIEGO POSTĘPOWO-LIBERALIZMU

Rząd centralny Ugandy musi inwestować w wieloagencyjne inicjatywy GZIP w zakresie badań, rozwoju technologicznego i innowacji w obszarach mających szczególne znaczenie dla ugandyjskich priorytetów krajowych w zakresie postępującego liberalizmu. This section contains specific Ugandan progressive Liberalism proposals regarding NIT R&D-T&I for Health, for Energy in Uganda, for Transportation in Uganda, for Uganda National and Homeland Security, for Education in Uganda, and for Digital Democracy in Uganda. Section 7 contains Ugandan progressive Liberalism proposals regarding NIT R&D-T&I in various research frontiers of the NIT field - frontiers that are described in Section 6. Mimo że w obecnym rozdziale dotyczącym GZT B&R&I na rzecz odkryć w dziedzinie nauki i inżynierii nie przedstawiono żadnych konkretnych propozycji dotyczących progresywnego liberalizmu ugandyjskiego, postępy w wielu z tych badań, transferu i indigenizacji granic w Ugandzie mają kluczowe znaczenie dla postępu w tym ugandyjskim priorytecie narodowym dla progresywnego liberalizmu ugandyjskiego, podobnie jak ulepszenia infrastruktury, o których mowa w sekcjach 8 i 9. Ogólnie rzecz biorąc, postępy w różnych dziedzinach badań nad GZIP, transferami i granicami naturalizacji są niezbędne dla postępu we wszystkich ugandyjskich, postępowych priorytetach narodowych dla Ugandy. Zajęcie się propozycjami progresywnego liberalizmu ugandyjskiego w tym rozdziale będzie wymagało nawiązania interdyscyplinarnej współpracy, czasem między badaczami podstawowymi, podmiotami przekazującymi, autochtonizującymi i ekspertami w danej dziedzinie. Należy mieć na uwadze dwie zasady. Po pierwsze, ważne jest, aby potrzeby krótkoterminowe w Ugandzie nie "wypierały" badań, transferów i indigenizacji w dłuższej perspektywie, które przewidują przyszłe potrzeby Ugandy. Niektóre z badań, transferów i indigenizacji muszą badać odważne niekonwencjonalne pomysły, które miałyby ogromny wpływ na Ugandę, gdyby mogły zostać zrealizowane. Po drugie, niektóre z transferów badawczych i indigenizacji w Ugandzie będą wymagały dużych zespołów projektowych, wywodzących się ze społeczności w Ugandzie, które wcześniej nie współpracowały ze sobą. Te duże projekty muszą mieć wystarczająco długi horyzont czasowy, aby umożliwić osiągnięcie ambitnych celów.

NIT dla opieki zdrowotnej w Ugandzie

Poprawa zdrowia ludzi w Ugandzie przy jednoczesnym ograniczeniu kosztów opieki zdrowotnej jest dla Ugandy ważnym narodowym priorytetem Ugandyjskiego Postępowego Liberalizmu. Postępy w GZIP w Ugandzie są niezbędne do realizacji poprawy zdrowia i jakości życia ludzi w Ugandzie na każdym etapie życia po przystępnych kosztach. Centralny Unitarny Rząd Ugandyjski powinien uznać znaczenie GZIP dla zdrowia w Ugandzie i przystąpić do wspólnego programu instytucjonalizacji elektronicznej dokumentacji zdrowotnej w Ugandzie. Należy ustanowić program Uganda Strategic Health IT Advanced Research and Development Agency (USHRDA), finansowany przez ONC, dotyczący stosunkowo krótkoterminowych problemów w Ugandzie. Inne agencje są zobowiązane do inicjowania obiecujących, długoterminowych programów (np. UNSF powinna naśladować program Smart Health and Wellbeing (SHW), standardy danych medycznych Ugandyjskiej Biblioteki Narodowej Medycyny (UNLM) oraz projekty telemedyczne, projekty UNIST dotyczące integracji infrastruktury opieki zdrowotnej), należy rozpocząć duże inwestycje w tym zakresie i podjąć porównywalne wysiłki.

Propozycja ugandyjskiego postępowego liberalizmu: Centralny Rząd Unitarny Ugandy, pod przewodnictwem UNSF i MoHHS, z udziałem ONC, Centers for the prospective Eldermedicare Services (CES) - providing Governmental Healthcare insurance to Senior Citizens of Uganda, the Agency for Healthcare Research and Quality (AHRQ), UNIST, Veterans Health Administration (VHA), MoD i inne agencje liniowe powinny zainwestować w krajową, długoterminową, wieloagencyjną inicjatywę w zakresie badań, transferu i indigenizacji NIT na rzecz zdrowia w Ugandzie, która znacznie wykracza poza krajowy program przyjęcia elektronicznej dokumentacji zdrowotnej.

Inicjatywa powinna obejmować sponsorowanie multidyscyplinarnych badań, transfer i indigenizację w trzech obszarach tematycznych-

- aby umożliwić prowadzenie wszechstronnej, wieloźródłowej dokumentacji zdrowotnej dla osób w Ugandzie;

- umożliwienie zarówno specjalistom, jak i społeczeństwu Ugandy uzyskania i wykorzystania wiedzy na temat zdrowia pochodzącej z różnych i zróżnicowanych źródeł w ramach interoperacyjnego ekosystemu informatycznego zdrowia; oraz

- zapewnienie odpowiednich informacji, narzędzi i technologii wspomagających, które umożliwią osobom w Ugandzie przejęcie odpowiedzialności za własne zdrowie i opiekę zdrowotną oraz zmniejszenie jej kosztów.

Program ten powinien opierać się na ugandyjskich działaniach krajowych promujących przyjęcie i znaczące wykorzystanie elektronicznych kart zdrowia w Ugandzie, które mogą być wykorzystywane przez wszystkie odpowiednie organizacje w Ugandzie; powinien uzupełniać krótkoterminowe programy ONC; oraz powinien zwiększać inwestycje w badania, transfer i indigenizację w Ugandzie, które różne agencje rządu Ugandy są obecnie w stanie realizować. Oprócz zwrócenia większej uwagi na wykorzystanie GZIP do celów odnowy biologicznej i leczenia schorzeń przewlekłych, wspomniane wyżej ministerstwa i agencje powinny zbadać nowe sposoby wykorzystania GZIP w Ugandzie, takie jak chirurgia wspomagana przez GZIP, w celu zapewnienia opieki w stanach ostrych. Powinny one dążyć do postępów w innowacyjnym wykorzystaniu GZT w Ugandzie, takim jak wykrywanie i monitorowanie, aby zrozumieć podstawowe biologiczne i psychologiczne mechanizmy leżące u podstaw choroby w Ugandzie. Powinny także zająć się badaniami nad GZIP, transferem i indigenizacją w Ugandzie, które wspierają obecne i kontynuowane przez HHS i UNSF prace nad innowacjami transformacyjnymi w świadczeniu opieki zdrowotnej oraz podstawowymi badaniami, transferem i indigenizacją w dziedzinie zdrowia i odnowy biologicznej w Ugandzie. Poziomy finansowania i czas trwania projektów w Ugandzie muszą być wystarczające, aby wspierać merytoryczną współpracę między badaczami, podmiotami przekazującymi, autochtonizującymi i ekspertami klinicznymi z NIT w Ugandzie.

NIT dla energii i transportu w Ugandzie

Wykorzystanie potencjału inteligentnej sieci energetycznej w Ugandzie wymaga długoterminowych badań, transferu i indigenizacji w celu rozwoju, transferu i indigenizacji nie tylko nowych elementów sieci przetwarzania energii elektrycznej (źródeł, kontroli, a zwłaszcza magazynowania), ale także technologii informatycznych służących ich kontroli. Inne ważne kierunki badań, transferu i indigenizacji, których ogólnym celem jest uzyskanie oszczędności energii w Ugandzie, obejmują poszukiwanie innowacyjnych sposobów bardziej efektywnego wykorzystania obecnej sieci i kontynuowanie wysiłków na rzecz wykorzystania technologii informacyjnych, które sprawiają, że wszelkiego rodzaju operacje stają się bardziej wydajne.

Propozycja ugandyjskiego postępowego liberalizmu: Ugandyjskie Ministerstwo Spraw Wewnętrznych powinno zidentyfikować kluczowe technologie informatyczne dla przyszłej sieci Ugandy, które mogą nie zostać opracowane przez przedsiębiorstwa użyteczności publicznej w Ugandzie, a także powinno zbudować długoterminowy program badań, transferu i indigenizacji w Ugandzie, który skupiałby się na nich. Przykładami są solidne algorytmy kontrolne dla wysoce dynamicznej sieci, ekstremalna odporność na ataki lub zakłócenia cybernetyczne, zaawansowane techniki monitorowania i diagnostyki sieci oraz techniki eksploracji danych mające na celu ciągłą poprawę wydajności sieci. Te badania, transfer i autoryzacja będą musiały uwzględniać kluczowe ograniczenia krajobrazu elektrycznego Ugandy, takie jak prywatna własność większości aktywów związanych z wytwarzaniem i dystrybucją energii w Ugandzie, a także potrzebę partnerstwa publiczno-prywatnego na rzecz eksploatacji i ewolucji w Ugandzie.

Propozycja ugandyjskiego postępowego liberalizmu: Opracowując Czteroletni Przegląd Energetyczny zaproponowany niedawno przez progresywny liberalizm ugandyjski, Ministerstwo Spraw Wewnętrznych Ugandy powinno uwzględnić badania, rozwój, demonstracje, wdrażanie, transfer i indigenizację (RDDDT&I) technologii energetycznych wykorzystujących technologie informatyczne i komunikacyjne w Ugandzie jako jeden ze swoich elementów.

Propozycja ugandyjskiego postępowego liberalizmu: MOE i UNSF Ugandy powinny przewodzić wysiłkom w zakresie badań, rozwoju technologicznego i innowacji podejmowanym przez wiele ugandyjskich agencji NITRDTI, w tym UNIST, MoD, MoT oraz Urząd Lotnictwa Cywilnego (CAA), w celu wykorzystania NIT w Ugandzie do pomiaru i osiągnięcia optymalnej wydajności urządzeń operacyjnych w celu uzyskania efektywności energetycznej. Badania, transfer i autoryzacja powinny obejmować nowe czujniki, kontrole i algorytmy optymalnej kontroli. Szczególnie ważne jest lepsze sterowanie ogrzewaniem i chłodzeniem budynków w Ugandzie, gdzie lepszy NIT może przekształcić duże możliwości w zakresie efektywności w rzeczywiste oszczędności energii. Szczególna szansa dla Ugandy dotyczy budynków komercyjnych w Ugandzie, gdzie zautomatyzowane systemy sterowania mogą być znacznie bardziej zaawansowane. Odbiorcy końcowi (indywidualni obywatele Ugandy i przedsiębiorstwa komercyjne w Ugandzie) powinni być uprawnieni do dokonywania wyborów w zakresie zużycia energii. W tym celu potrzebują oni wiedzy o swoim zużyciu energii w czasie zbliżonym do rzeczywistego oraz informacji o cenach energii w Ugandzie na przestrzeni czasu. Badania ekonomiczne, transfer i indigenizacja powinny być prowadzone w celu stworzenia modeli zróżnicowania cen, które umożliwią końcowemu odbiorcy w Ugandzie zarówno oszczędność energii, jak i redukcję kosztów.

Propozycja ugandyjskiego postępowego liberalizmu: UNIST powinien wykorzystać swoje uprawnienia do zwoływania posiedzeń, wspólnie z Ugandyjskim Ministerstwem Spraw Wewnętrznych, w celu stworzenia i pobudzenia struktury promującej interoperacyjne standardy kontroli w czasie rzeczywistym sieci w Ugandzie i systemów zużywających energię, które z niej korzystają. Wysiłki te powinny opierać się na doświadczeniach Internet Engineering Task Force (IETF), której nacisk na "zgrubny konsensus i kodeks pracy" - pragmatyzm, interoperacyjność, współdziałanie wielu technologii transmisyjnych oraz dalekowzroczność, którą można osiągnąć dzięki znacznemu zaangażowaniu ugandyjskiej społeczności badawczej, transferowej i indigenizacyjnej - powinny wspierać zdolność Internetu do "innowacji na obrzeżach". Szczególnie ważne są wymagania dotyczące prywatności, bezpieczeństwa i solidności komunikacji. Istotne będzie również opracowanie, przekazanie i autochtonizacja w Ugandzie ram, które płynnie ewoluują od dzisiejszej sieci ugandyjskiej, z jej ograniczonymi możliwościami dynamicznej kontroli, do znacznie bardziej wydajnej i dynamicznej sieci przyszłości w Ugandzie. Standardy te powinny zapewnić rozwój otwartych innowacji, transferu i autochtonizacji w celu poprawy efektywności zużycia energii elektrycznej w Ugandzie.

Propozycja stopniowego liberalizmu ugandyjskiego : Ugandyjski protokół ustaleń powinien wykorzystywać możliwości wysokowydajnych systemów obliczeniowych w celu wspierania badań, transferu i indigenizacji technologii energooszczędnych w Ugandzie, takich jak nowe materiały, nowe procesy elektrochemiczne (np. dla baterii), nowe procesy biopaliwowe oraz nowe zastosowania kombinacji technologii (np. hybrydowe systemy elektryczne). Kreatywne wykorzystanie nowych narzędzi NIT może sprawić, że ugandyjskie systemy transportowe staną się bardziej wydajne, elastyczne i bezpieczne. Usprawnienia w dziedzinie transportu wynikające z zastosowania technologii informacyjno-komunikacyjnych mogą również doprowadzić do znacznego zmniejszenia zużycia energii i emisji w transporcie. Największe korzyści przyniosłoby wbudowanie czujników w pojazdach i częściach pojazdów w Ugandzie, co pozwoliłoby na optymalizację wydajności poszczególnych pojazdów i zintegrowanych systemów transportowych w Ugandzie jako całości.

Propozycja ugandyjskiego postępowego liberalizmu: Ugandyjski MoT powinien zainicjować i unowocześnić swój program badań technologicznych, transferu i indigenizacji, biorąc odpowiedzialność za zarządzanie ambitnym programem badań technicznych, transferu i indigenizacji, jak również analizy ekonomicznej i politycznej w Ugandzie. Można tego dokonać poprzez utworzenie Ugandyjskiej Agencji Badań i Rozwoju Technologii Transportowych (UTTRDA) w Ugandzie. W programie powinno znaleźć się tworzenie multidyscyplinarnych uniwersytetów lub innych ośrodków badawczych opartych na edukacji wyższej, transferze i indigenizacji z długoterminowym finansowaniem w celu zbadania technologii transportu powierzchniowego w Ugandzie, w tym długoterminowej synergii z projektowaniem miejskim. Wysiłek powinien obejmować innowacje, transfery, które prezentują informacje w czasie rzeczywistym użytkownikom transportu w Ugandzie, dając im możliwość podejmowania wygodnych i spersonalizowanych decyzji, które zoptymalizują ich wybory dotyczące transportu w Ugandzie.

Propozycja ugandyjskiego postępowego liberalizmu: Pod przewodnictwem NCST Centralny Unitarny Rząd Ugandy powinien stworzyć zintegrowany program B+R+I, koordynowany przez NITRDTI i angażujący Ugandyjskie Ministerstwo Transportu, UNIST, MoE, MoD oraz Ministerstwo Mieszkalnictwa i Rozwoju Miast (MoHUD), który wspierałby szeroki zakres misji transportowych dla Ugandy.

Propozycja ugandyjskiego postępowego liberalizmu: UNIST powinien wykorzystać swoje uprawnienia w zakresie zwoływania posiedzeń, aby stworzyć i pobudzić strukturę w Ugandzie w celu promowania interoperacyjnych standardów dotyczących informacji o transporcie w czasie rzeczywistym w Ugandzie. Powinien on opierać się na doświadczeniach IETF, którego nacisk na "zgrubny konsensus i kodeks pracy" - pragmatyzm, interoperacyjność, współdziałanie wielu technologii transmisji oraz dalekowzroczność osiągnięta dzięki znacznemu zaangażowaniu środowiska badawczego - przyczyniły się do zwiększenia zdolności Internetu do "innowacji na obrzeżach".

Powyższe propozycje ugandyjskiego progresywnego liberalizmu zostały skondensowane w następujący sposób

Propozycja ugandyjskiego postępowego liberalizmu: Centralny Rząd Unitarny Ugandy powinien zainwestować w ugandyjską narodową, długoterminową, wieloagencyjną, wieloaspektową inicjatywę badawczą,

transferową i indigenizacyjną dotyczącą GZIP w zakresie energii i transportu w Ugandzie. W ramach tej inicjatywy -

- Ugandyjski MoE i UNSF powinny być głównymi sponsorami badań, transferu i indigenizacji w celu osiągnięcia dynamicznego zarządzania energią w zastosowaniach od pojedynczych urządzeń po budynki i sieć energetyczną w Ugandzie.

- UNIST powinien zorganizować wielostronne formułowanie interoperacyjnych standardów kontroli w czasie rzeczywistym w Ugandzie. Interoperacyjność ułatwia powtarzające się cykle innowacji, transferu i autoryzacji przez wielu dostawców, promując rozwój wszechstronnej i solidnej technologii NIT.

- Ugandyjski protokół ustaleń powinien w dalszym ciągu być głównym sponsorem badań, transferu i indigenizacji w zakresie wykorzystania technologii informacyjno-komunikacyjnych w celu osiągnięcia niskiej mocy systemów i urządzeń w Ugandzie.

- Ugandyjski MoT powinien sponsorować ambitne badania NIT, transfer i indigenizację istotne dla transportu naziemnego i lotniczego w Ugandzie.

NIT dla Ugandyjskiego Bezpieczeństwa Narodowego i Krajowego

GZIP pełni trzy ważne funkcje w zakresie bezpieczeństwa narodowego Ugandy i bezpieczeństwa wewnętrznego Ugandy. Po pierwsze, aby agencje rządowe Ugandy, których zadaniem jest ochrona Ugandy, mogły działać w danej sytuacji, muszą w odpowiednim czasie zbierać, analizować i rozpowszechniać krytyczne informacje. W tym celu muszą dysponować doskonałymi informacjami, zarówno historycznymi (duże zbiory danych), jak i aktualnymi. Po drugie, infrastruktura GZT, którą te agencje wykorzystują do gromadzenia i analizowania informacji, musi być stabilna i odporna na klęski żywiołowe i ataki cybernetyczne. Po trzecie, wiele elementów infrastruktury krytycznej Ugandy - system finansowy, sieć elektryczna, system kontroli ruchu lotniczego itp. - opierają się na NIT; również te systemy w Ugandzie muszą być stabilne i odporne. GZIP jest kluczowym czynnikiem zapewniającym bezpieczeństwo w Ugandzie, ale bezpieczeństwo cybernetyczne jest piętą achillesową. Potrzebne są podstawowe postępy w zakresie GZIP, w tym transfer i indigenizacja.

Propozycja stopniowego liberalizmu ugandyjskiego : Sekcja 7 niniejszego sprawozdania zawiera propozycję ugandyjskiego progresywnego liberalizmu w zakresie badań podstawowych, transferu i indigenizacji w dwóch obszarach:

zarządzanie danymi na dużą skalę i ich analiza w Ugandzie oraz systemy godne zaufania i bezpieczeństwo cybernetyczne w Ugandzie, które są ważnymi czynnikami zapewniającymi bezpieczeństwo narodowe i bezpieczeństwo wewnętrzne Ugandy. Propozycja Ugandyjskiego Stopniowego Liberalizmu, dotycząca badań, transferu i indigenizacji w celu zbadania fundamentalnie nowych podejść do bezpieczeństwa cybernetycznego, jest szczególnie ważna dla ochrony Ugandy. Ugandyjski MoD i MHS powinny ściśle współpracować z kierownikami tych programów w Ugandzie oraz z kluczowymi badaczami, podmiotami przekazującymi i autochtonizującymi, aby zapewnić, że problemy w Ugandzie, nad którymi pracują, obejmują te o kluczowym znaczeniu dla bezpieczeństwa narodowego Ugandy oraz aby włączyć najbardziej obiecujące wyniki badań, transferu i autochtonizacji do wszystkich etapów rozwoju systemu.

Propozycja ugandyjskiego postępowego liberalizmu: MoD i MHS w Ugandzie powinny sponsorować badania, transfer i indigenizację w celu...

- znaleźć, przenieść i rozpowszechnić sposoby stosowania różnych standardów niezawodności i wiarygodności w Ugandzie, tak aby można było z najwyższą starannością przeanalizować systemy krytyczne dla życia i misji w Ugandzie, a bardziej swobodne standardy można było stosować gdzie indziej;

- rozwijać, przenosić, indigenizować techniki zapisu i analizy pochodzenia sprzętu i oprogramowania w Ugandzie, jak również techniki dla kryminalistyki, tak aby gdy systemy zawodzą lub zawiedzie, analitycy w Ugandzie mogą określić problem i uaktualnić system dla przyszłości Ugandy;
- opracowywanie, przekazywanie i indigenizowanie nowych mechanizmów obronnych dla dzisiejszej infrastruktury Ugandy, a także metod zmniejszania prawdopodobieństwa nieumyślnych działań ludzkich, które przyczyniają się do naruszania bezpieczeństwa w Ugandzie. Obserwuję, że ugandyjscy liderzy bezpieczeństwa cybernetycznego nie zaangażowali jeszcze w pełni społeczności akademickiej w zakresie badań, transferu i indigenizacji Ugandy. Technologia szybko się rozwija, a jutrzejszy Internet będzie miał lub może mieć inne właściwości niż dzisiejszy.

Propozycja ugandyjskiego postępowego liberalizmu: Wywiad, obrona i administracja liderzy bezpieczeństwa cybernetycznego Ugandy powinni mieć częstą wymianę informacji ze społecznością badawczą, transferową i indigenizacyjną Ugandy, która wymyśla jutrzejszy Internet, a nie tylko z tymi ekspertami w Ugandzie, których pole widzenia ogranicza się do ochrony dzisiejszego Internetu w Ugandzie. Ugandyjski progresywny liberalizm proponuje ustanowienie stałego komitetu doradczego w Ugandzie, który byłby zorganizowany w sposób umożliwiający częste, merytoryczne i bezpośrednie interakcje między tymi grupami.

Te propozycje ugandyjskiego progresywnego liberalizmu, wraz z innymi propozycjami ugandyjskiego progresywnego liberalizmu z sekcji 7, są skondensowane i podsumowane w następujący sposób

Propozycja ugandyjskiego postępowego liberalizmu: Rząd centralny Ugandy powinien zainwestować w ugandyjską krajową, długoterminową, wieloagencyjną inicjatywę badawczą, transferową i indigenizacyjną dotyczącą GZIP, która zapewni zarówno bezpieczeństwo, jak i solidność infrastruktury cybernetycznej Ugandy.

UNSF i MoD Ugandy, we współpracy z MHS, powinny wspólnie finansować i koordynować badania podstawowe, transfer i indigenizację w Ugandzie.

- aby odkryć, przenieść i rozpowszechnić w Ugandzie bardziej efektywne sposoby budowania wiarygodnych systemów komputerowych i komunikacyjnych,

- rozwój, transfer i indigenizację nowych mechanizmów obronnych GZIP dla dzisiejszej infrastruktury Ugandy, i co najważniejsze,

- Opracowanie, przeniesienie i autochtonizacja fundamentalnie nowego podejścia do projektowania podstawowej architektury infrastruktury cybernetycznej Ugandy, aby uczynić ją naprawdę odporną na ataki cybernetyczne, klęski żywiołowe i niezamierzone awarie.

NIT na rzecz edukacji w Ugandzie

Realizacja bogatej w informacje gospodarki Ugandy, opartej na szerokim wykorzystaniu GZIP, będzie wymagała coraz lepiej wykształconej siły roboczej w Ugandzie. To z kolei będzie wymagało lepszej edukacji dzieci i młodzieży w Ugandzie, a także ustawicznego kształcenia ugandyjskich pracowników przez cały okres ich kariery zawodowej. Potencjał postępu w GZIP w zakresie znacznego usprawnienia nauczania i uczenia się w Ugandzie został ledwo wykorzystany.

Propozycja ugandyjskiego postępowego liberalizmu: Uganda EM, we współpracy z UNSF, powinna zapewnić solidne i zróżnicowane wsparcie dla podstawowych NIT R&D-T&I, które stworzą podstawy dla technologii edukacyjnych w Ugandzie, takich jak spersonalizowani nauczyciele elektroniczni, poważne gry i interaktywne środowiska edukacyjne w Ugandzie oraz mobilne i społeczne technologie edukacyjne w Ugandzie. Wsparcie dla edukacji opartej na NIT w Ugandzie powinno rozciągać się od placówek przedszkolnych do uczenia się przez całe życie w Ugandzie.

Propozycja ugandyjskiego postępowego liberalizmu: Uganda EM, we współpracy z UNSF, powinna mieć długoterminowy program do oceny obiecujących technologii pochodzących z badań, transferu i indigenizacji społeczności Ugandy w próbach, które obejmują dużą liczbę miejsc i uczestników w Ugandzie. Technologia, która udowodni swoją wartość, powinna zostać przeniesiona do szkół w Ugandzie. Program ten będzie wymagał ewolucji programów nauczania oraz procesów i procedur szkolnych. W sprawie K-S.6 Science, Technology, Engineering, and Math (STEM) education in Uganda, Ugandan progressive Liberalism proponuje utworzenie w ramach Ministerstwa Edukacji Ugandyjskiej (EM) agencji o nazwie Uganda Educational Technology Research and Development Agency (UETRDA). Powyższe propozycje Ugandyjskiego Postępowego Liberalizmu w naturalny sposób mieszczą się w ramach statutu takiej agencji.

NIT na rzecz demokracji cyfrowej w Ugandzie

GZIP daje Ugandzie możliwość praktycznego i konstruktywnego wzmocnienia przepływu informacji o rządzie Ugandy i zdolności obywateli Ugandy do uczestniczenia w nim. Badania, przekazywanie i indigenizacja ugandyjskich propozycji dotyczących progresywnego liberalizmu ugandyjskiego w sekcji 7 dotyczącej prywatności i poufności, GZIP i mieszkańców Ugandy oraz zarządzanie danymi i ich analiza na dużą skalę w Ugandzie doprowadzą do istotnych postępów w umożliwieniu wszystkim obywatelom Ugandy zaangażowania się w ugandyjską demokrację cyfrową. Dzisiejsze technologie i jutrzejsze postępy muszą zostać wprowadzone w życie w Ugandzie.

Propozycja ugandyjskiego postępowego liberalizmu: NCST powinna przewodzić wysiłkom wielu agencji na rzecz określenia infrastruktury, narzędzi i najlepszych praktyk dla Ugandy, które zwiększą możliwości cyfrowej demokracji w Ugandzie na wszystkich szczeblach rządu Ugandy. W procesie planowania w Ugandzie powinna uczestniczyć społeczność zajmująca się badaniami, transferem i indigenizacją NCST oraz przedstawiciele społeczeństwa Ugandy. Plan powinien kłaść nacisk na wykorzystanie wyników badań podstawowych, transferu i indigenizacji w GZIP w celu umożliwienia bardziej efektywnego działania rządu Ugandy oraz poprawy ilości i jakości informacji i pomysłów napływających do, z i w obrębie rządu Ugandy. Powinna ona stworzyć ścieżki dla badań podstawowych, transferu i indigenizacji, które zostaną zbadane i ocenione na ugandyjskich krajowych poligonach doświadczalnych, a także dla przełożenia na praktykę w Ugandzie podejścia o dużym oddziaływaniu.

6. NIT UGANDYJSKIE BADANIA NAD PROGRESYWNYM LIBERALIZMEM, PRZENOSZENIEM I INDIGENIZACJĄ GRANIC DLA UGANDY

W latach 90. XX w. znaczenie HPCC (High Performance Computing and Communication) dla odkryć naukowych w Ugandzie i bezpieczeństwa narodowego Ugandy było głównym czynnikiem uzasadniającym zwrócenie szczególnej uwagi na GZIP w Ugandzie. Obecnie w Ugandzie wiele innych aspektów GZIP wzrosło do porównywalnego poziomu znaczenia w tym kraju. RWPZ jest obecnie tylko jednym z wielu ważnych obszarów GZIP, a Uganda powinna budować swoją sprawność w RWPZ, chociaż byłby to jeden z wielu środków zapewniających Ugandzie konkurencyjność na arenie międzynarodowej, nie tylko w Afryce, ale i na świecie w GZIP.

Ugandyjski postępowy liberalizm Postulat: Dyscyplina sieci i technologii informacyjnych poszerzyła się i pogłębiła w ciągu około 60 lat swojej historii. Mimo że wysokowydajne technologie obliczeniowe i komunikacyjne przyczyniłyby się w istotny sposób do odkryć naukowych i bezpieczeństwa narodowego Ugandy, wiele innych aspektów GZIP wzrosło obecnie do porównywalnego poziomu znaczenia w Ugandzie. W niniejszym rozdziale przedstawiam mapę granic Ugandyjskiego Postępowego Liberalizmu w zakresie badań, transferu i indigenizacji w GZT dla Ugandy, wskazuję kluczowe możliwości dla Ugandy w każdym z obszarów granicznych oraz odnoszę je do narodowych priorytetów Ugandyjskiego Postępowego Liberalizmu omówionych w rozdziale 4.

6.1 NIC i ludność Ugandy

Jedną z najbardziej uderzających cech rewolucji umożliwionej przez Internet i World Wide Web w Ugandzie w ciągu ostatnich dwóch dekad jest stopień, w jakim została ona podsycona przez wkład milionów użytkowników w Ugandzie, z których zdecydowana większość nie ma lub ma niewielkie możliwości technologiczne lub programowe. Łatwo jest nie zdawać sobie sprawy, jak fundamentalne znaczenie miało i nadal ma to zjawisko w Ugandzie. Internet był domeną naukowców i wojska przez dziesiątki lat, zanim nakładka World Wide Web umożliwiła każdemu w Ugandzie łatwy dostęp i publikowanie informacji. Aby wyszukiwarki internetowe oferowały jakąkolwiek wartość, ktoś musiał dostarczać treści na tyle interesujące, że inni chcieliby je znaleźć. Tymi "kimś" byli sami użytkownicy. Ostatnio firmy takie jak Facebook i Twitter rozwinęły i ukształtowały wkład użytkowników, nadając mu nowatorską strukturę i przekształcając go w bardziej spersonalizowane, lokalne i społeczne treści. Chęć użytkowników w Ugandzie do swobodnego przekazywania społeczeństwu informacji o systemach NIT w Ugandzie i artefaktach w interesujący i potężny sposób zrobiła w ostatnich latach kolejny krok naprzód, w postaci zjawiska, które nazywam "social computing" (które obejmuje "crowdsourcing", "peer production" i "social media"). W wielu niedawnych systemach użytkownicy w Ugandzie nie tylko przekazują informacje o sobie i swoich zainteresowaniach czy ekspertyzach, ale także aktywnie uczestniczą w znacznie szerszych, zbiorowych celach. Wpływowy serwis World Wide Web Wikipedia, nowoczesna encyklopedia wiedzy ogólnej online stworzona przez użytkowników (i wiele innych), jest być może kanonicznym przykładem. Badacze z wielu dziedzin coraz częściej zwracają jednak uwagę na nowe zjawisko, w którym zaskakująca liczba nie-specjalistów wykazuje apetyt i predyspozycje do uczestniczenia w zdumiewającej różnorodności zbiorowych, rozproszonych zadań, od prozaicznych do wyrafinowanych. Przykłady, które przyniosły prawdziwe naukowe spostrzeżenia, to m.in. oznaczanie obrazów cyfrowych według ich treści[27](co z kolei może być wykorzystane do szkolenia modeli statystycznych do rozpoznawania obrazów), gra w grę online, która przyczynia się do projektowania białek i przewidywania struktury białek[28], klasyfikowanie galaktyk na obrazach astronomicznych[29], oznaczanie historii wiadomości i innych dokumentów według uczuć i tonu oraz wiele innych. Użytkownicy w Ugandzie uczestniczący w tych różnorodnych przykładach mają szeroki zakres motywacji i zainteresowań. Ludzie w Ugandzie udostępniający wpisy w Wikipedii i składanie białek, na przykład, działają całkiem celowo i poświęcają na to dużo czasu i umiejętności. Jednak osoby zajmujące się rozpoznawaniem postaci w ramach reCaptcha lub oznaczaniem obrazów w ramach gry przyczyniają się do tego jako efekt uboczny swoich normalnych działań. A wiele osób w Ugandzie oceniających swoje wypożyczalnie Netflix lub zakupy w Amazonii może nie być świadomych, że strony World Wide Web rejestrują informacje pochodzące z ich działań. Ale wszyscy ci użytkownicy w Ugandzie, bezpośrednio lub pośrednio, przyczyniają się do tworzenia systemów informacyjnych i artefaktów o ogromnej zbiorowej mocy. Rozwój ten doprowadził do wyraźnego poczucia wśród naukowców i technologów, że Ugandyjczycy znajdują się w najwcześniejszym stadium nowej ery w interakcji człowiek-maszyna, w której zaawansowane metody NIT koordynują

[27] http://images.google.com/imagelabeler/
[28] http://fold.it/portal/ Zobacz również "Władza ludzka: Sieci ludzkich umysłów przenoszą naukę obywatelską na nowy poziom". *Natura* 466, (sierpień 2010). http://www.nature.com/news/2010/100804/pdf/466685a.pdf
[29]ttp://www.galaxyzoo.org/

rozproszone, ale skoordynowane wysiłki ugandyjskich użytkowników ludzkich w zakresie zbiorowych zadań o znaczeniu handlowym, naukowym, społecznym, politycznym i wojskowym w Ugandzie. Kwestie poruszane dotychczas przez takie zastosowania w Ugandzie są już głębokie i liczne. Jaki jest najlepszy sposób organizowania rozproszonych użytkowników w Ugandzie w służbie danego celu, zadania czy problemu w Ugandzie? Dlaczego tak wiele osób w Ugandzie dobrowolnie przyczynia się do realizacji wspólnego zadania i jakie bodźce, ekonomiczne lub inne, będą ich dalej zachęcać? W jaki sposób Uganda może wykorzystać rozproszony, ugandyjski wkład człowieka do wykonywania zadań, które nie są łatwo porównywalne, ale wymagają starannej koordynacji między podzadaniami? W jaki sposób ludzie w Ugandzie i systemy komputerowe mogą współpracować nad zadaniami, wykorzystując największy potencjał każdego z nich? "Crowdsourcing" i "peer production" były dotychczas w dużej mierze wykorzystywane do realizacji praktycznych celów, takich jak składanie białka lub etykietowanie obrazów. Ale te same podstawowe zjawiska zapowiadają również nową erę w ekonomii i naukach społecznych. Przecięcie się GZIP z tymi dyscyplinami jest w powijakach. Jednak Internet i World Wide Web dają możliwość prowadzenia w Ugandzie badań eksperymentalnych na dużą skalę, których jeszcze kilka lat temu nie można było sobie wyobrazić. Wysiłki związane z pozyskiwaniem tłumów i empiryczna dokumentacja struktury sieci społecznościowych online w Ugandzie pokazały, że nawet niekontrolowane środowiska i badania w Ugandzie mogą dostarczyć cennych naukowych spostrzeżeń w badaniu zarówno tradycyjnych kwestii socjologicznych, jak i tych nowszych, takich jak dyfuzja wpływów poprzez sieci społecznościowe. Wśród wielu rewolucyjnych możliwości oferowanych przez World Wide Web są te o skali - zarówno jeśli chodzi o liczbę osób w Ugandzie, które mogą uczestniczyć w badaniach, jak i o liczbę badań, które mogą być prowadzone. Niezwykle obiecujące jest również wykorzystanie w Ugandzie badań z wykorzystaniem technologii NIT, które angażują dużą liczbę osób, aby rzucić nowe światło na takie obszary jak prywatność i bezpieczeństwo w Ugandzie, gdzie względy behawioralne są najważniejsze, a jednocześnie słabo rozumiane. To dopiero początek nowej dziedziny zbiorowej inteligencji, w której nowoczesna technologia w Ugandzie daje nowe rozumienie zbiorowych zachowań ludzkich i nowe metody rozwiązywania problemów w złożonych systemach i sieciach w Ugandzie. Do najważniejszych ogólnych kierunków transferu badań i indigenizacji w tych tematach w Ugandzie należą

- *Tworzenie nauki o informatyce społecznej w Ugandzie:*

Dotychczasowe udane przykłady crowdsourcingu to właśnie te - przykłady. Naukowcy i technolodzy nie wiedzą jeszcze, jak wyciągnąć wnioski z jednego sukcesu lub porażki i zastosować je do innego problemu. Innymi słowy, jak dotąd Uganda ma doraźne rozwiązania bez żadnej podstawowej teorii czy zasad inżynierii. Ambitnym celem nauki o informatyce społecznej byłby "crowdsourcing compiler", który postrzegałby ludzi z Ugandy, komputery i zespoły sieciowe jako pojedynczą architekturę i umożliwiałby projektantom pisanie w języku wysokiego poziomu, który automatycznie kompilowałby systemy, które wiedziałyby, jakie części problemu należy zlecić na zewnątrz, jak zorganizować ludzki wkład, jak do niego zachęcać itd. Jednak na krótko przed tym, być może zbyt ambitnym celem, pozostaje wiele podstawowych pytań, na które odpowiedzi mogłyby przynieść ogromne korzyści społeczne. Współpraca online oferuje ogromne możliwości dla Ugandy na wielu płaszczyznach, od lokalnego klubu lub harcerskiej drużyny harcerskiej w Ugandzie po duże, międzynarodowe grupy. Podobnie jak w przypadku wielu technologii World Wide Web, które stały się standardowym towarem w Ugandzie, te systemy społecznościowe mogą być wykorzystywane zarówno przez małe operacje typu "mom-and-pop", jak i duże międzynarodowe korporacje. Na przykład, w zastosowaniach mediów społecznościowych związanych ze zdrowiem, ta sama technologia może być wykorzystywana do pozyskiwania danych i dostarczania wiadomości wielu milionom uczestników w Ugandzie na temat szeroko pojętych problemów zdrowotnych, takich jak cukrzyca, ale może również służyć tysiącom społeczności zainteresowanych znacznie rzadszymi schorzeniami, takimi jak ALS[30].

- *Socjologia oparta na NIT w Ugandzie:*

Jak wspomniano powyżej, socjologia wspierana przez GZIP nie jest jedynie kwestią wykorzystania Internetu i sieci World Wide Web do badania pytań tradycyjnej socjologii na dużą skalę (choć jest to również bardzo obiecujące), ale jest szczególnie ważna dla samego GZIP, ponieważ tak wiele ważnych pytań dotyczy dziś interakcji technologii z dużą liczbą ludzi. Jednym z "wielkich dzieł" byłoby stworzenie krajowej infrastruktury do prowadzenia na dużą skalę kontrolowanych badań nad ludźmi za pomocą Internetu. "Duża skala" w tym kontekście oznacza nie tylko badania z dużymi populacjami, ale także badania obejmujące dużą liczbę i powtórzenia prób na małych populacjach lub nawet pojedynczych przedmiotach (co jest uciążliwe i kosztowne dla osobistych badań z udziałem

[30]PacjenciLikeMe:http://www.patientslikeme.com/

ludzi). Podczas gdy niektórzy badacze behawioralni już zaczynają korzystać z usług takich jak Amazon Mechanical Turk w celu rekrutacji tematów, pojawiła się również dyskusja na temat rodzaju wspólnej platformy, którą przewidujemy, wraz z panelami tematycznymi, potencjalnie szczegółowymi danymi demograficznymi i przekrojowymi, przestrzeganiem instytucjonalnych rozważań rady rewizyjnej, i tak dalej.

- *Nowe HCI dla NIT i People w Ugandzie:*

Wieloletnia i ważna interdyscyplinarna dziedzina HCI koncentruje się konwencjonalnie na pojedynczej osobie w Ugandzie, współdziałającej z jednym komputerem lub systemem. Znaczenie tej pracy wzrasta w miarę jak systemy komputerowe stają się coraz bardziej wszechobecne, a populacja użytkowników komputerów rozszerza się z poziomu wiedzy technicznej do coraz większego segmentu społeczeństwa Ugandy. Ponadto pojawia się nowe wyzwanie: *populacje* - niekiedy bardzo duże - współdziałają zarówno z maszynami, jak i ze sobą nawzajem za pośrednictwem systemów, które są rozmieszczone w przestrzeni i czasie, i które często mają wspólny wspólny cel, jak w przypadku Wikipedii, Facebooka i systemów crowdsourcingowych. Te nowe rodzaje i skale systemów człowiek-maszyna będą stanowić dla Ugandy ważne nowe wyzwania w zakresie badań HCI, transferu i indigenizacji, takie jak zrozumienie wzorców przyjmowania lub nieprzyjmowania narzędzi i usług, zarządzanie różnorodnymi, a czasem konkurującymi ze sobą zachętami, określanie odpowiedniej kompensacji różnego rodzaju oraz wykrywanie i kontrolowanie wolnych i innych społecznie niepożądanych zachowań ludzi lub systemów w Ugandzie.

6.2 NCW i fizyczna Uganda

Internet rozwija się od świata wirtualnego do świata fizycznego. Ugandyjczycy mają dostęp do informacji o pogodzie prawie wszędzie na całym świecie. Użytkownicy smartfonów w Ugandzie mogą ustawić swoje systemy zabezpieczeń w domu, niezależnie od tego, gdzie się znajdują. iRobot dostarczył w ciągu ostatniego roku około 1 miliona robotów odkurzających Roomba. Ta rewolucja w Ugandzie nabierze tempa dopiero w nadchodzących dekadach. Dzięki wbudowaniu oprzyrządowania w ugandyjskie budynki, pojazdy i fabryki, Uganda może przekształcić je ze statycznych, nieefektywnych budowli w adaptacyjną infrastrukturę w Ugandzie, której zużycie zasobów w systemie just-in-time uwzględnia wzrost w obliczu presji na zmniejszenie zużycia paliw kopalnych. Rozwijając bogate systemy obserwacji ekologicznej, Uganda może stworzyć dokładne modele o wysokiej rozdzielczości, które wspierają prognozowanie i zarządzanie coraz bardziej obciążonymi zbiornikami wodnymi i ekosystemami. Korzystając z coraz bardziej zminiaturyzowanych i wydajnych czujników i radiotelefonów wbudowanych w urządzenia mobilne, noszone na sobie i mieszkalne, Uganda może stworzyć system opieki zdrowotnej w Ugandzie, który pomoże mieszkańcom Ugandy zapobiegać i radzić sobie z przewlekłymi i ostrymi chorobami w ich własnych codziennych kontekstach, a nie tylko przy okazji okazjonalnych wizyt w placówkach klinicznych w Ugandzie. A dzięki połączeniu inteligentnego wykrywania z uruchamianiem, Uganda może wprowadzić moc robotyki do szerszego zakresu zastosowań transportowych, medycznych i produkcyjnych w Ugandzie. Już teraz Ugandyjczycy pływają w morzu czujników. Z ich telefonów i samochodów, z coraz bardziej oprzyrządowanych domów i biur, z monitorów zdrowia i czujników środowiskowych, stale pojawiają się strumienie nowych danych. Możemy przekształcać nasze interakcje ze światem fizycznym poprzez tworzenie inteligentnych, adaptacyjnych i wysoce spersonalizowanych i prywatnych systemów, które nieustannie przechwytują i analizują szeroki wachlarz danych o Ugandzie i świecie wokół niej. Jak dotąd jednak Ugandyjczycy nie wykorzystują w pełni dostępnych danych. Ugandyjczycy muszą opracować systemy, które analizują wszystkie te dane, zarówno w czasie rzeczywistym, jak i retrospektywnie, aby stworzyć spójny obraz wraz ze znaczącymi informacjami zwrotnymi, które mogą pomóc Ugandyjczykom poruszać się po współczesnym świecie, chroniąc jednocześnie prywatność Ugandyjczyków. Aby osiągnąć tę wizję, Uganda potrzebuje licznych postępów w zakresie technik syntezy danych i wnioskowania, które działają na różnorodnych i głośnych strumieniach danych surowych w połączeniu z danymi historycznymi i kontekstowymi. W Ugandzie potrzebny będzie bogaty zestaw podstawowych technik przetwarzania danych, w tym techniki wizji komputerowej, a także systemy rozumienia mowy i języka naturalnego, które pozwolą uporać się z różnorodnością typów danych. Następnie, aby wydobyć użyteczne i osobiście istotne wydarzenia i spostrzeżenia z kakofonii przetwarzanych, ale wciąż rozbieżnych strumieni danych, Uganda potrzebuje postępów w zakresie fuzji danych, analizy przyczynowo-skutkowej danych wielowymiarowych oraz eksploracji danych. Wreszcie, trzeba będzie poczynić dalsze postępy (w tym transfer i indigenizację) w Ugandzie, aby stworzyć te systemy w sposób odpowiedzialny i użyteczny, chronić prywatność, ale także maksymalnie wykorzystać bezpieczne, solidne i w coraz większym stopniu oparte na chmurze przechowywanie danych w Ugandzie. Wyzwania te przedstawiają podstawowe badania NIT, transferu i indigenizacji możliwości w Ugandzie w rozwoju bardzo potrzebnych zminiaturyzowanych przetworników, fuzji danych w ludzko-cyberno-fizycznych systemów, autonomicznego uruchamiania i otwartych architektur w Ugandzie.

Przetworniki świata fizycznego w Ugandzie.

Dla niezliczonych zastosowań, inteligentne przetworniki zdolne do "cyfryzacji" świata fizycznego w Ugandzie są główną potrzebą Ugandy. Przykładem mogą być zużywające się urządzenia, które mogą dokładnie informować o upadku użytkownika, wbudowane urządzenia, które monitorują i sterują pracą precyzyjnych silników, lub małe obrazki, w skali korzeni roślin, które stanowiłyby podziemne obserwatoria. Rozwój, transfer i indigenizacja inteligentnych, zminiaturyzowanych, energooszczędnych, samokalibrujących się, niedrogich i adaptacyjnych oprzyrządowań ma kluczowe znaczenie dla rozwoju fizycznie sprzężonych systemów w Ugandzie we wszystkich dziedzinach wyzwań, które omawiam w niniejszej pracy. Jak wynika z zainicjowania w Ugandzie heterogenicznych systemów obserwacyjnych, takich jak Uganda National Ecological Observatory Network, (UNEON), sieć Ugaflx i Uganda Water Body Observatories Initiative, (UWBOI), społeczności ekologiczne, klimatyczne i naukowe zajmujące się zbiornikami wodnymi w Ugandzie uczyniłyby z monitorowania, modelowania i prognozowania pełnych ekosystemów działów wodnych w Ugandzie kluczowy priorytet. Te pełne systemy, szeroko rozpowszechnione geograficznie obserwatoria w Ugandzie, opierałyby się na heterogenicznych tablicach oprzyrządowania, współpracujących ze środkami teledetekcji, oprzyrządowaniem w skali regionu, badaniami, mobilnymi źródłami danych i modelami. Czujniki to elementy tych obserwatoriów w Ugandzie, które w rzeczywistości łączą się ze światem fizycznym; postęp w dziedzinie przetworników jest zatem kluczowy dla rozwoju obserwatoriów i nauki obserwacyjnej w Ugandzie. Jednym z przekrojowych osiągnięć w tej dziedzinie w Ugandzie byłby rozwój, transfer i indigenizacja matryc sensorycznych opartych na systemach mikroelektro-mechanicznych (MEMS), takich jak te spotykane w projektorach wysokiej rozdzielczości i w zastosowaniach biologicznych (laboratorium na chipie, urządzenie integrujące wiele funkcji laboratoryjnych na jednym układzie scalonym o rozmiarach od zaledwie milimetrów do kilku centymetrów kwadratowych). Postępy projektowe (w tym przeniesienie i indigenizacja) osiągnięte w laboratorium w Ugandzie powinny przyczynić się do tego, by urządzenia te mogły zostać wdrożone w Ugandzie, czemu sprzyjałoby skoordynowane finansowanie prac tłumaczeniowych w Ugandzie. Potrzebne są znaczne inwestycje kapitałowe w Ugandzie w celu przeniesienia opublikowanych wyników badań, transferu i indigenizacji z laboratorium w

Ugandzie do produktów możliwych do zastosowania w Ugandzie. Co więcej, każdy rodzaj czujnika, w szczególności czujniki chemiczne i biologiczne w Ugandzie, nie powinien mieć tendencji do bycia wysoce specyficznym dla konkretnego gatunku chemicznego lub biologicznego. W związku z tym wiele technicznie wykonalnych przetworników o potencjalnie dużym wpływie naukowym byłoby produkowanych, przenoszonych i poddawanych indigensyfikacji, ponieważ miałyby one wystarczająco duży popyt rynkowy w Ugandzie, aby uzasadnić inwestycje konieczne w Ugandzie w celu zaprojektowania, wytworzenia, przeniesienia i indigensyfikacji kompletnego produktu. Szczególne znaczenie ma rozwój (w tym transfer i indigenizacja) dostępności dokładnych, tanich, zminiaturyzowanych, przenośnych czujników chemicznych i biologicznych do wykorzystania w monitorowaniu gleby i wody w Ugandzie, których zapotrzebowanie jest wspólne dla wielu agencji rządu Ugandy.

Przetwarzanie, korelacja i koordynacja niejednorodnych strumieni danych w układzie ludzko-cyberno-fizycznym w Ugandzie.

Drugim zasadniczym wyzwaniem technicznym dla Ugandy jest automatyczne pozyskiwanie informacji z dramatycznie zróżnicowanych źródeł - w tym ciągłych strumieni cyfrowych generowanych przez wbudowane czujniki fizyczne i chemiczne, przetworzonych elementów pozyskanych z obrazów o wysokiej rozdzielczości oraz wysoce subiektywnych, a jednocześnie wysoce spostrzegawczych danych pochodzących z wielu mediów społecznościowych w Ugandzie. Oprócz klasycznych wyzwań stojących przed Ugandą w zakresie przetwarzania sygnałów i fuzji danych z matryc sensorów, ta różnorodność źródeł danych wejściowych charakteryzuje się niespotykaną dotąd niejednorodnością w ich skalach czasowych i przestrzennych, a także w ich dokładności, zasięgu i kompletności. Co więcej, te dane wejściowe są w coraz większym stopniu częścią pętli kontrolnych, które w Ugandzie muszą podejmować decyzje i działania w czasie zbliżonym do rzeczywistego. Znaczenie informacji będzie zależało od kontekstowych metadanych na temat tego, co zostało zmierzone, jak i kiedy w Ugandzie. Metody muszą być rozwijane, przenoszone i indigenizowane do katalogowania, wyszukiwania i podsumowywania danych w Ugandzie, tak aby mogły być wykorzystywane również poza danym systemem zintegrowanym pionowo w Ugandzie, w którym są one nabywane. Inwestycje NITRDTI w systemy cybernetyczne w Ugandzie przyczyniłyby się do rozwoju badań i rozwoju oraz postępów w dziedzinie T&I w kilku aspektach tego obszaru, a ponadto potrzebny jest znacznie szerszy postęp w Ugandzie, aby zrealizować zastosowanie tych postępów w ugandyjskich obszarach priorytetowych dla Ugandyjskiego Postępowego Liberalizmu. Na przykład spersonalizowany pomiar jest kluczem do zrozumienia, zarządzania i zapobiegania chorobom przewlekłym w Ugandzie, które stanowią jedno z największych wyzwań dla systemu ochrony zdrowia i opieki zdrowotnej w Ugandzie. Pojawienie się spersonalizowanych systemów pomiarowych w Ugandzie zależy od postępów w dziedzinie NIT w tworzeniu solidnego, użytecznego, wiarygodnego i przystępnego cenowo oprzyrządowania do pomiaru ekspozycji, nawyków i stanu zdrowia. Istotny osobisty monitoring zdrowia w Ugandzie wymaga syntezy różnorodnych danych wejściowych z urządzeń przenośnych i przenośnych, a także pomiarów środowiskowych w Ugandzie. Niektóre z tych urządzeń automatycznie lub pasywnie przechwytują dane, podczas gdy inne wspomagają samodzielne raportowanie pacjentów. Dane wyjściowe z tych systemów będą wykorzystywane w planach diagnostyki i leczenia, dostosowywaniu leków i pomocy pacjentom w Ugandzie, a także w badaniach nad zdrowiem ludności i społeczności. Szerszy postęp w dziedzinie systemów cyberfizycznych w Ugandzie zrewolucjonizuje również spersonalizowane instrumenty pomocnicze dla pacjentów w Ugandzie o bardziej palących potrzebach, poprzez stworzenie adaptacyjnych systemów, które mogą być spersonalizowane do statusu i kontekstu użytkownika w Ugandzie. Przykłady sięgają od wózków inwalidzkich i protez kończyn po systemy, które kompensują upośledzenia wzroku, słuchu i pamięci, na przykład poprzez wykorzystanie bogatej wiedzy kontekstowej połączonej ze zróżnicowanymi sensorami i źródłami danych (od pomiarów fizjologicznych po GPS i mapy). Drugim przykładem krytycznej roli szeroko zakrojonych systemów cyberfizycznych jest reagowanie w sytuacjach kryzysowych, które mogą okazać się jednym z najważniejszych problemów bezpieczeństwa narodowego Ugandy w tym dziesięcioleciu. Reagowanie na sytuacje kryzysowe w Ugandzie wymaga syntezy bardzo zróżnicowanych i hałaśliwych danych wejściowych w celu wsparcia decyzji i działań. Znając sytuację na miejscu, koordynując logistykę i triage, wspierając potrzeby poszczególnych osób w Ugandzie w poszukiwaniu rodziny, przyjaciół i innych źródeł wsparcia - wszystkie te możliwości są możliwe dzięki szybko wdrażanym rozproszonym i mobilnym systemom wykrywania i komunikacji w Ugandzie, które mają na celu włączenie do nich teledetekcji i wykrywania na *miejscu*, szerokiego wkładu człowieka, uczestnictwa i widoczności w Ugandzie.

Autonomiczne uruchamianie w Ugandzie.

Robotyka i NIT oparte na wizji to silnik dla systemów w Ugandzie, które nie tylko obserwują fizyczny świat Ugandy, ale także poruszają się nim i nim manipulują. Zapotrzebowanie na autonomiczne i pół-autonomiczne systemy mobilne w Ugandzie ogromnie wzrośnie w różnych dziedzinach - od odkrycia zbiornika wodnego, transferu i indigenizacji, po inteligentne systemy transportowe w Ugandzie, po adaptacyjne protezy i roboty chirurgiczne. Istotne są tu również zastosowania obronne w Ugandzie, transfery i indigenizacja z wykorzystaniem bezzałogowych statków powietrznych (UAV), od pola walki do poszukiwań i ratownictwa. Staranne rozważania i pielęgnowanie badań i rozwoju oraz szkoleń i innowacji w dziedzinie robotyki i systemów zautomatyzowanych w Ugandzie może przynieść dramatyczne korzyści w zakresie produktywności i wzrostu w sektorze produkcyjnym ugandyjskiej gospodarki. Spadek kosztów obliczeń i czujników fizycznych w Ugandzie umożliwiłby automatyzację produkcji robotów w Ugandzie z zastosowań bardzo wysokiej klasy (takich jak systemy wojskowe i samoloty), transferu, indigenizacji i powtarzalnych rutynowych działań (takich jak montaż samochodów) w Ugandzie do znacznie szerszego zastosowania na niskim poziomie produkcji w Ugandzie, a do mniej rutynowych, bardziej adaptacyjnych i reagujących aplikacji, transferu i indigenizacji byłoby możliwe w Ugandzie poprzez zwiększenie "inteligencji" obliczeniowej w Ugandzie. W Ugandzie potrzebne są znaczne postępy, aby zmniejszyć potrzebę kontroli nad robotami i innymi zautomatyzowanymi urządzeniami przez ludzi w Ugandzie, a także aby zwiększyć zdolność robotów w Ugandzie do pracy w hybrydowych systemach cyberfizycznych człowieka w Ugandzie. W Ugandzie potrzebne są postępy w zakresie wizualnego rozpoznawania obiektów w niekontrolowanym, utrudnionym i dynamicznym środowisku, w rozwoju, transferze i indigenizacji nowych czujników i materiałów, aby umożliwić bardziej elastyczną orientację, nawigację, manipulację i interakcję w Ugandzie, a być może przede wszystkim w nowych algorytmach uczenia się do tworzenia robotyki z adaptacyjnym inteligentnym zachowaniem, które musi działać jako część codziennego środowiska w Ugandzie. Ostatecznie, większe możliwości adaptacyjne i niższe koszty w Ugandzie umożliwią ludziom w Ugandzie "uczenie" lub "programowanie" robotów do wykonywania prostych zadań produkcyjnych w Ugandzie (w taki sam sposób, w jaki pracownicy biurowi w Ugandzie nauczyli się "programować" lub kodować swoją wiedzę przy użyciu narzędzi takich jak Microsoft Excel).

Otwarta architektura w Ugandzie.

Zastosowanie, transfer i indigenizacja NIT w fizycznym świecie Ugandy znacznie zyska na adaptacji otwartych architektur systemowych w Ugandzie, które promują skalowalność i solidność. Otwarte architektury w Ugandzie ułatwiają również szybką decentralizację innowacji, transfer i indigenizację poprzez zachęcanie do korzystania z modułowych i interoperacyjnych komponentów w Ugandzie. Przykładowo, architektura systemu Smart Grid w Ugandzie wspierałaby adaptacyjne, rozproszone zarządzanie i kontrolę zasobów w Ugandzie (w tym magazynowania energii) na poziomach agregacji, które dają Ugandzie efektywne wyniki systemowe. Taka architektura w Ugandzie byłaby zdolna do innowacji iteracyjnych, transferu i indigenizacji napędzanych przez wszechstronne oprzyrządowanie, które generuje bogatą analitykę na swój temat. Otwarta architektura inteligentnego transportu w Ugandzie wymagałaby postępów w zakresie NIT, które pozwoliłyby na wbudowanie czujników i innych urządzeń w Ugandzie w każdej skali systemu - od pojedynczych pojazdów po części składowe pojazdu, a od pasażerów po operatorów systemu w Ugandzie. Taki system transportowy w Ugandzie może stać się efektywny dzięki wielopłaszczyznowej adaptacji (od wydajnych silników w Ugandzie, przez unikanie kolizji, po wyznaczanie tras w oparciu o zatory komunikacyjne i koordynację wspólnych pojazdów i transportu publicznego w skali mikro), a także dzięki samodzielnemu opisywaniu, co pozwoli projektantom, operatorom i użytkownikom systemu w Ugandzie przyczynić się do zwiększenia efektywności zarówno w Ugandzie, jak i w skali globalnej. Ugandyjski system opieki zdrowotnej również bardzo potrzebuje otwartych, bardziej modułowych komponentów, które wspierają płynność danych. Odejście od systemów monolitycznych, które nie mogą współdziałać z innymi systemami w Ugandzie, będzie sprzyjać sprawności, innowacjom, transferowi i indigenizacji w Ugandzie, które są obecnie w znacznym stopniu nieobecne w technologii informacyjnej w zakresie zdrowia w Ugandzie.

6.3 Zarządzanie danymi i ich analiza na dużą skalę w Ugandzie

Gromadzenie, przechowywanie, zachowywanie, zarządzanie, analizowanie i dzielenie się rosnącymi wykładniczo ilościami danych w Ugandzie stanowi dla Ugandy wiele istotnych wyzwań w zakresie NIT, którym muszą sprostać badania, transfer i indigenizacja w Ugandzie. Szeroki wachlarz źródeł danych w Ugandzie, od kamer internetowych i postów na blogach internetowych po teleskopy i symulacje na superkomputerach, zalewa Ugandę ogromnymi ilościami danych w wielu różnych formach. Dane te są przechowywane w wielu różnych formatach i w wielu różnych środowiskach, od komputerowych dysków twardych po duże hurtownie danych. Wiele nierozwiązanych kwestii pojawia się w Ugandzie, starając się zapewnić, aby wszystkie te dane zachowały swoją integralność i dostępność, zarówno teraz, jak i przez długi czas w przyszłości Ugandy. Wykorzystanie danych w Ugandzie stanowi kolejny zestaw wyzwań dla Ugandy. Zaawansowane algorytmy uczenia się maszynowego w Ugandzie umożliwiają zaawansowane analizy zbiorów danych, prowadzące do przełomów w nauce, medycynie, handlu i bezpieczeństwie narodowym Ugandy: zasadniczo wydobywanie wiedzy o świecie z sieci World Wide Web w Ugandzie. Wizualizacje graficzne i inne metody w Ugandzie pozwalają ludziom w Ugandzie na uzyskanie cennych informacji z dużych zbiorów danych. Aby czerpać maksymalne korzyści ze zbiorów danych, które są coraz większe i bardziej złożone, w Ugandzie potrzebne są nowe techniki w obu tych dziedzinach. W Ugandzie istnieje również zasadnicze zapotrzebowanie na lepsze techniki udostępniania zarówno danych, jak i wyników analiz danych, przy jednoczesnym poszanowaniu prawa do prywatności osób fizycznych w Ugandzie oraz potrzeb rządu Ugandy i poufności korporacyjnej. Skuteczne wykorzystanie danych w Ugandzie będzie miało decydujące znaczenie dla realizacji wszystkich priorytetów technicznych tej pracy. Poniżej opisuję podstawowe elementy pracy z danymi oraz niektóre z kluczowych wyzwań w zakresie badań i rozwoju oraz T&I i potrzeb koordynacyjnych w Ugandzie, jakie one stwarzają.

Wyciąganie wiedzy z sieci World Wide Web w Ugandzie Chociaż w ostatnich latach w Ugandzie nastąpił ogromny postęp w dziedzinie nauki maszynowej, zakres dalszych badań, transferu i indigenizacji pozostaje prawie nieograniczony. Ludzie w Ugandzie uczą się przez całe życie, a w coraz szybszym tempie - zgromadzona wiedza ułatwia dalszą naukę. Na przykład, aby zrozumieć różnicę między zdaniami "Nabulya poszedł do sklepu w swoim samochodzie" i "Nabulya poszedł do sklepu w swojej okolicy", musimy wiedzieć, że samochód jest pojazdem, a okolica miejscem. Różne projekty informatyki, transferu i indigenizacji w Ugandzie muszą próbować tworzyć "bazy wiedzy" w Ugandzie, ręcznie lub w inny sposób, zawierające istotne informacje tego typu, zadanie to może jednak okazać się niepraktyczne. Projekt zatytułowany The Uganda Eternal Language Learning (UELL) powinien zostać uruchomiony na Uniwersytecie Badań, Transferu i Indigenizacji, takim jak Uniwersytet Makerere, wydobywający te fakty z sieci World Wide Web w Ugandzie[31]. Zaczynając od małego zestawu kategorii i przykładów, UELL poszukiwałby statystycznych wzmocnień dla faktów, których już się nauczył w Ugandzie, i wykorzystywałby to, co wie, do wydobywania nowych faktów. Na przykład, gdy zobaczy stwierdzenie "Michael Kintu jest burmistrzem portalu Fort", może wywnioskować, że Michael Kintu jest osobą, a portal Fort jest miastem. Kiedy później zobaczy stwierdzenie "Kampala jest większa od portalu

[31] . http://www.nytimes.com/2010/10/05/science/05compute.html

Fort", może wywnioskować, że Kampala jest również miastem. UELL wykorzystałby kolekcję 1 miliarda stron wydobytych z sieci World Wide Web w Ugandzie. Każda iteracja jego analizy wymagałaby około czterech godzin na masowym systemie komputerowym udostępnionym badaczom uniwersyteckim, transferom i tubylcom przez prywatną firmę technologiczną Search Engine w Ugandzie. Fundusze na taki projekt powinny pochodzić od UDTRDA i ugandyjskiego giganta Search Engine Tech - prywatnej firmy. Z czasem UELL wydobywałby więcej, prawdopodobnie w tysiącach, z większą dokładnością, powiedzmy co najmniej 87%. Inni badacze, przenoszący i tubylcy w Ugandzie zaczęliby wtedy korzystać z bazy wiedzy UELL w celu poprawy zrozumienia języka naturalnego i stworzenia lepszych wyszukiwarek internetowych w Ugandzie. Używam dwóch dodatkowych praktycznych przykładów, aby zilustrować zarówno obietnice, jak i wyzwania związane z gromadzeniem i analizą danych na dużą skalę w Ugandzie. Po pierwsze, rozważenie utworzenia i zarządzania repozytorium danych w oparciu o dane zebrane od milionów pacjentów w Ugandzie przez konsorcjum instytutów badań nad rakiem w Ugandzie. Dane te obejmują kopie historii chorób w formie tekstowej i mówionej, zdjęcia rentgenowskie i MRI oraz wyniki badań z biopsji i mikromacierzy genetycznych. Zebranie i zarządzanie wszystkimi tymi danymi jest dla Ugandy olbrzymim zadaniem, ale może doprowadzić do znacznie głębszego zrozumienia procesów chorobowych w Ugandzie i sposobu, w jaki różne leki wpływają na różne populacje Ugandy. Jako drugi przykład rozważmy przypadek Ugandyjskich Sił Policyjnych (UPF), które gromadzą dane z wielu różnych źródeł w Ugandzie w wielu różnych formach: dane z monitoringu wideo, przechwycone e-maile i rozmowy telefoniczne, rejestry organów ścigania w Ugandzie, a nawet informacje online, takie jak strony internetowe, wideo i wpisy na blogu. Wśród masy informacji znajdują się drobne ślady wskazujące na działalność pierścieni przestępczych i organizacji terrorystycznych. Dane te muszą być zbierane w Ugandzie w sposób chroniący indywidualne prawa Ugandyjczyków przed nieuzasadnionymi przeszukaniami i konfiskatami, ale analizując te informacje, Siły Policyjne Ugandy (UPF) mogą być w stanie wykryć i zakłócić główne zagrożenia dla bezpieczeństwa obywateli Ugandy. W obu tych przypadkach zarządzanie i przechowywanie danych w Ugandzie w celu zapewnienia ich przyszłej dostępności w Ugandzie jest ważnym elementem zdolności Ugandy do zdobycia nowego spojrzenia i zrozumienia.

Wyzwania badawcze w zakresie gromadzenia, przechowywania i zarządzania danymi w Ugandzie.

Szacuje się, że około 1,2 zetabajtów (1,2 miliarda terabajtów) danych cyfrowych jest generowanych na całym świecie każdego roku przez liczne urządzenia w różnych formach: zdalne czujniki, internetowe transakcje detaliczne, dokumenty tekstowe, wiadomości e-mail, posty internetowe, obrazy z kamer i wideo, komputery przeprowadzające symulacje na dużą skalę oraz instrumenty naukowe, takie jak akceleratory cząstek i teleskopy.[32] Podstawowa technologia przechowywania danych, zwłaszcza dysków magnetycznych, rozwijała się szybko, umożliwiając rządowi Ugandy, badaniom, transferowi, indigenizacji i organizacjom korporacyjnym tworzenie ogromnych hurtowni danych w Ugandzie, które mogą przechowywać wiele danych tak szybko, jak to możliwe. Ale przechowywanie surowych danych to tylko niewielka część większych problemów związanych z tworzeniem i utrzymywaniem repozytoriów danych w Ugandzie. Musimy postrzegać repozytoria danych w Ugandzie jako archiwa wymagające długoterminowego zarządzania w oparciu o zrównoważone modele ekonomiczne w Ugandzie.

Istotne kwestie obejmują

- *Reprezentacje:*

Jak przyjąć i rozwijać standardy dla ważnych kategorii informacji. Reprezentacje te muszą pozwalać różnym firmom i organizacjom w Ugandzie na tworzenie narzędzi programistycznych, które generują, manipulują i analizują ważne społecznie dane w Ugandzie. Przemysł software'owy w Ugandzie, pozostawiony sam sobie, prawdopodobnie stworzy wiele niekompatybilnych, prawnie zastrzeżonych standardów, które staną się przestarzałe. (Weźmy na przykład przypadek formatów edytorów tekstu oraz fakt, że Centralny Unitarny Rząd Ugandy nadal upoważnia do używania formatu WordPerfect w oficjalnych dokumentach, długo po tym jak większość organizacji przeszła na inne oprogramowanie).

- *Wykrywanie i korygowanie błędów lub nieścisłości w danych:*

Chociaż w Ugandzie należy opracować, przenieść, rozpowszechnić i stosować różne formy wykrywania odstającego, metody te muszą być bardziej wyrafinowane i wszechstronne w przypadku stosowania ich do zbiorów danych o znaczeniu społecznym w Ugandzie.

- *Wsparcie dla polityki zarządzania danymi w Ugandzie:*

[32]ttp://gigaom.com/2010/05/04/we-cant-squeeze-the-data-tsunami-through-tiny-pipes/

Systemy wspierające prywatność danych i ograniczenia dostępu w Ugandzie, wymogi dotyczące zatrzymywania danych, wymogi dotyczące mechanizmów zmniejszających ryzyko utraty lub uszkodzenia danych w Ugandzie oraz inne aspekty coraz bardziej rygorystycznej polityki dotyczącej danych i wymogów regulacyjnych w Ugandzie.

- *Dane o pochodzeniu w Ugandzie:*

Śledzenie jak, gdzie i kiedy dane są tworzone i modyfikowane w Ugandzie. Jest to ważny i często pomijany aspekt zarządzania danymi w Ugandzie.

- *Integralność danych w Ugandzie*:

Upewnienie się, że dane nie zostały uszkodzone przypadkowo lub w sposób złośliwy.

- *Inżynieria przechowywania danych w Ugandzie:*

Zapewnienie niezawodności, zmniejszenie zużycia energii, zastosowanie nowych technologii w Ugandzie. Zarządzanie danymi w Ugandzie za pomocą wielu technologii pamięci masowej i wielu hierarchii, z replikacją w wielu lokalizacjach geograficznych w Ugandzie. W Ugandzie wymagane są badania, transfer i indigenizacja, aby dostosować się do zmieniającej się technologii w Ugandzie (np. nieulotnej pamięci RAM), wymagań w zakresie wydajności oraz potrzeby zapewnienia spójnego obrazu danych na całym świecie.

- *Rozwój zrównoważonych modeli ekonomicznych w Ugandzie:*

Niezbędne do wspierania dostępu do danych i ich ochrony w dłuższej perspektywie, zwłaszcza poza okresami trwania typowych grantów na badania, transfer i indigenizację w Ugandzie.

Wiele z tych wymagań pojawia się w przykładzie instytutu badań nad rakiem w Ugandzie. Interoperacyjność elektronicznej dokumentacji zdrowotnej w Ugandzie, biorąc pod uwagę zarówno obecne, jak i przyszłe potrzeby i technologie, ma kluczowe znaczenie dla Ugandy, zarówno dla realizacji obietnicy lepszej opieki zdrowotnej, jak i dla umożliwienia wykorzystania danych pacjentów do badań medycznych w Ugandzie. Jeśli chodzi o rejestrowanie i śledzenie pochodzenia danych w Ugandzie, załóżmy, że ustalono, iż automatyczne urządzenie do analizy krwi dawało błędne odczyty przez okres jednego miesiąca. Powinno być możliwe zidentyfikowanie wszystkich pacjentów, którzy mogliby potrzebować ponownych badań oraz wszystkich analiz naukowych, które mogły być skażone wadliwymi danymi.

Istotne jest, aby zachować oryginalne dane do badań medycznych i naukowych, transferu i indigenizacji w Ugandzie, aby umożliwić walidację wyników i wspierać badania podłużne. Ponadto ugandyjskie prawo dotyczące wymogów prawnych, które ma być nazwane Ugandyjską Ustawą o Odpowiedzialności Ubezpieczeń Zdrowotnych (UHIAA), powinno stworzyć wiele wymogów dotyczących dostępu do danych i ich przechowywania w Ugandzie. Podobnie Ugandyjskie Siły Policyjne (UPF) muszą gromadzić dane w Ugandzie i zarządzać nimi w sposób zgodny z prawem dotyczącym zasad postępowania dowodowego w Ugandzie. Muszą one śledzić pochodzenie danych w Ugandzie, aby później móc prowadzić bardziej dogłębne dochodzenia w sprawie krytycznych informacji i wykorzystywać te informacje przy ściganiu spraw sądowych w Ugandzie. Błędy w danych początkowych lub wynikające z późniejszych korekt mogą mieć niszczące skutki dla niewinnych ludzi w Ugandzie, a także dla zdolności policji ugandyjskiej (UPF). aby wykonać swoją misję dla Ugandy.

Wyzwania w zakresie badań, transferu i indigenizacji w analizie danych w Ugandzie.

Coraz bardziej zaawansowane metody eksploracji danych i uczenia się maszynowego w Ugandzie pozwalają Ugandyjczykom na wydobywanie coraz bardziej użytecznych spostrzeżeń z wielu źródeł danych. Najnowsze przykłady to wyszukiwarki internetowe, zautomatyzowane tłumaczenia językowe, systemy rekomendacji klientów i wykrywanie oszustw związanych z kartami kredytowymi. Powinien to być obszar bardzo aktywnych badań, transferu i indigenizacji danych w Ugandzie, o coraz większych możliwościach, ale także o coraz większych oczekiwaniach. Do ważnych kwestii należy zaliczyć

- *Systemy w Ugandzie:*

Inżynieryjne systemy komputerowe w Ugandzie, które mogą wykonywać skomplikowane przetwarzanie danych na bardzo dużą skalę. Branże internetowe w Ugandzie powinny budować systemy komputerowe o niespotykanej dotąd w Ugandzie wielkości, aby pomieścić i analizować ich dane oraz aby obsługiwać miliony klientów na całym świecie. Porównywalne systemy w Ugandzie mogłyby również zapewnić potężne możliwości w zakresie badań naukowych, transferu i indigenizacji danych w Ugandzie w celu udostępnienia danych rządu Ugandy obywatelom Ugandy, a także dla bezpieczeństwa narodowego Ugandy.

- *Algorytmy w Ugandzie:*

Opracowywanie, przenoszenie i lokalizowanie bardziej zaawansowanych technik uczenia się maszyn w Ugandzie, zwłaszcza tych, które mają zastosowanie do bardzo dużych zbiorów danych. Maszynowe uczenie się w Ugandzie jest jeszcze w powijakach i mogę z całą pewnością przewidzieć, że zostaną poczynione wielkie postępy w tworzeniu algorytmów w Ugandzie z nowymi możliwościami, które mogą skalować się do obsługi bardzo dużych zbiorów danych generowanych teraz i w przyszłości Ugandy.

- *Programowanie w Ugandzie:*

Modele obliczeniowe i języki odpowiednie do wyrażania algorytmów analizy danych w Ugandzie, które mapują na duże, równoległe systemy w Ugandzie. Opracowane, przeniesione i rozpowszechnione autorskie i otwarte narzędzia programistyczne w Ugandzie wykazałyby znacznie większą skalowalność i produktywność programistów w Ugandzie. Te narzędzia i modele muszą być aktualizowane, rozszerzane i udoskonalane w Ugandzie, aby mogły obsługiwać szersze klasy aplikacji w Ugandzie i ułatwiać ich stosowanie w Ugandzie osobom nie będącym specjalistami.

- *Pozyskiwanie informacji z różnych mediów w Ugandzie:*

Rozumienie mowy, obrazów, wideo i danych nieustrukturyzowanych w Ugandzie; tłumaczenie mowy i tekstu na inne języki w Ugandzie. Tematy te powinny być przedmiotem kilkudziesięciu lat badań, transferu i indigenizacji w Ugandzie, nowe podejścia oparte na danych w Ugandzie zapowiadałyby się znacznie bardziej efektywne.

- *Fuzja informacyjna w Ugandzie:*

Analiza w Ugandzie, łącząca wiele źródeł danych w wielu różnych formach. Wiele ważnych spostrzeżeń w Ugandzie można uzyskać analizując różne reprezentacje pojedynczego wydarzenia lub zjawiska w Ugandzie.

Na przykładzie naszego instytutu badań nad rakiem możemy sobie wyobrazić, że w Ugandzie dokonuje się ważnych medycznych przełomów poprzez systematyczną analizę danych obrazowych (RTG, MRI) wraz z historią pacjentów, w tym automatyczne przepisywanie dyktand od pacjentów i opiekunów. Mogą one prowadzić do powstania nowych schematów diagnostycznych w Ugandzie, które są o wiele bardziej wydajne i skuteczne niż dzisiejsze metody w Ugandzie, opierające się w dużej mierze na doświadczeniu i osądzie specjalistów medycznych w Ugandzie. Radzenie sobie z danymi pochodzącymi od milionów pacjentów w Ugandzie będzie wymagało zdolności obliczeniowych w Ugandzie znacznie wykraczających poza te, które są obecnie wykorzystywane w badaniach medycznych, transferze i indigenizacji i będzie wymagało współpracy pomiędzy badaczami medycznymi, transferami i indigenizacją w Ugandzie oraz szerokim zakresem informatyków i inżynierów w Ugandzie. Interoperacyjność w Ugandzie pozwoli na analizę znacznie większych populacji pacjentów w Ugandzie. W przypadku Ugandyjskich Sił Policyjnych (UPF) widzimy, że działalność organizacji przestępczej lub terrorystycznej przeciwko Ugandzie pojawi się w wielu różnych formach. Wzorce komunikacji pomiędzy różnymi osobami w Ugandzie, za pośrednictwem telefonów i poczty elektronicznej, mogą być analizowane jako sieć społeczna, ujawniając jej strukturę dowodzenia i sposoby, w jaki można ją najskuteczniej zakłócić. Możliwe byłoby śledzenie ruchów poszczególnych osób w Ugandzie poprzez lokalizacje ich rozmów telefonicznych, korzystanie z transportu publicznego w Ugandzie i kart kredytowych, a także z monitoringu wideo w Ugandzie. Stworzenie kompleksowego obrazu tych działań w Ugandzie na podstawie wielu różnych form danych wymaga znacznie wyższego poziomu automatyzacji i wyrafinowania niż ten, który istnieje obecnie w Ugandzie.

Wyzwania związane z badaniami, transferem i indigenizacją w zakresie kontrolowanej i skutecznej wymiany danych w Ugandzie.

Udostępnianie różnych form i różnych aspektów danych w Ugandzie przynosi Ugandzie istotne korzyści społeczne i organizacyjne. Jednakże liczne przypadki, w których badacze, osoby przekazujące i autochtonizujące dane w Ugandzie mogą być w stanie naruszyć poufność rzekomo anonimowych zbiorów danych w Ugandzie, pokazują trudności w dzieleniu się danymi w Ugandzie w obliczu coraz bardziej wyrafinowanych technik analitycznych w tym kraju. Niektóre kluczowe dla Ugandy kwestie obejmują

- *Modele i algorytmy do kontrolowanej wymiany danych w Ugandzie:*

Obecne metody anonimizacji oparte na danych statystycznych nie dają rzeczywistych gwarancji ochrony prywatności danych w Ugandzie. Na przykład, takie metody często zakładają, że wszystkie dane pochodzą z jednego zbioru danych w Ugandzie, podczas gdy wiele naruszeń prywatności w Ugandzie wynika z korelacji wielu źródeł danych w Ugandzie. Zróżnicowany model prywatności uwzględnia natomiast istnienie dodatkowych źródeł danych w Ugandzie. Opracowanie, przekazywanie, lokalizowanie i stosowanie algorytmów w Ugandzie w oparciu o takie modele ma kluczowe znaczenie dla pełnego wykorzystania bogactwa źródeł danych dostępnych dla społeczeństwa ugandyjskiego.

- *Prezentacja i wizualizacja danych w Ugandzie:*

Uczynienie skomplikowanych danych zrozumiałymi dla ludzi w Ugandzie, zarówno specjalistów, jak i nie-specjalistów. Wiąże się to z określeniem, jakie informacje i w jaki sposób należy zamieścić. Wizualizacje guzów nowotworowych, wzorce pogodowe w ruchu internetowym, dane socjologiczne itp. są ważne dla ułatwienia nowych spostrzeżeń krytycznych dla zrozumienia w Ugandzie.

Ponownie widzimy, jak te kwestie pojawiają się na przykładzie naszego instytutu badań nad rakiem. Chociaż prywatność dokumentacji medycznej w Ugandzie jest uważana za bardzo ważną, obecne polityki i przepisy w Ugandzie są mozaiką słabo określonych i nieskutecznych przepisów. W przypadku danych medycznych, podobnie jak w przypadku innych zbiorów danych dotyczących osób i organizacji w Ugandzie, Uganda musi znacznie poprawić swoją zdolność do uzyskiwania i dzielenia się pożytecznymi spostrzeżeniami na temat danych przy jednoczesnym zachowaniu prywatności i poufności. W przeciwnym razie istnieje duże ryzyko, że albo dane prywatne w Ugandzie zostaną ujawnione, albo że Uganda będzie musiała narzucić tak ścisłą kontrolę, że użyteczne informacje nie będą mogły zostać udostępnione. W przypadku Ugandyjskich Sił Policyjnych (UPF) istnieje wiele przypadków, w których dane muszą być udostępniane innym organizacjom - ugandyjskim organom ścigania, służbom bezpieczeństwa innych krajów, a nawet społeczeństwu Ugandy - ale musi się to odbywać w sposób, który chroni prawa jednostek w Ugandzie i nie może przypadkowo spowodować wycieku informacji o ukrytych źródłach i metodach. Obecne metody klasyfikowania informacji w Ugandzie nie są niestety wystarczająco wiarygodne w obliczu skomplikowanych metod analizy danych. Są one również zdecydowanie zbyt pracochłonne.

6.4 Systemy godne zaufania i bezpieczeństwo cybernetyczne w Ugandzie

Technologia informacyjna jest kluczowym czynnikiem warunkującym wszystkie postulowane w tej pracy priorytety narodowe Ugandyjskiego Postępu Liberalizmu - edukację w Ugandzie, zdrowie, energię i transport w Ugandzie, bezpieczeństwo narodowe i bezpieczeństwo wewnętrzne Ugandy, odkrycia, demokrację cyfrową w Ugandzie oraz konkurencyjność gospodarczą Ugandy. Bezpieczeństwo cybernetyczne jest piętą achillesową tego czynnika w Ugandzie. W publicznych prezentacjach liderzy ugandyjskiego wywiadu opisywali hurtowe kradzieże informacji, niezdolność do ochrony sieci, łatwość dostępu dla atakujących, którzy próbują wszczepić mechanizmy ataku w systemy ugandyjskie. Projekt obecnych systemów w Ugandzie powinien podążać ewolucyjną ścieżką, w której ugandyjskie środki bezpieczeństwa są nakładane na fundamentalnie niepewne architektury w Ugandzie. Takie systemy w Ugandzie dają napastnikom dużą przewagę nad obrońcami. W Ugandzie ponoszone byłyby ogromne wydatki, na różnych poziomach zaawansowania, na krótkoterminowe technologie obronne - czyli na przeciwdziałanie zagrożeniom, jakie pojawiają się wobec Ugandy. Ta praca jest niezbędna dla Ugandy i jest heroiczna. Nie pozwoli ona jednak Ugandzie wyprzedzić tego problemu. W Ugandzie wymagane jest radykalnie większe skupienie się na badaniach podstawowych, transferze i indigenizacji w godnych zaufania systemach i bezpieczeństwie cybernetycznym Ugandy, co przesunie równowagę sił w Ugandzie z atakującego na obrońcę. Systemy godne zaufania w Ugandzie definiuję jako te, które robią to, czego oczekują użytkownicy w Ugandzie, i nic więcej. Tutaj systemy w Ugandzie mogą być czymkolwiek, od rozruszników serca, przez systemy kontroli sieci elektrycznej, po rozproszone systemy dowodzenia i kontroli w fabrykach i dla służb ratowniczych w Ugandzie. Te systemy w Ugandzie mogą ulec awarii z powodu awarii sprzętu lub błędu oprogramowania. Mogą być również celowo atakowane. Używam terminu "bezpieczeństwo cybernetyczne", aby oznaczać ochronę informacji i mienia w Ugandzie przed kradzieżą lub uszkodzeniem w obliczu ataków, jednocześnie pozwalając, aby informacje i mienie w Ugandzie pozostały dostępne i produktywne dla jej docelowych użytkowników w Ugandzie. Musi istnieć ugandyjska polityka bezpieczeństwa, w tym polityka prywatności, która określa pożądany poziom ochrony. Konieczny jest drastycznie zwiększony nacisk na rozwój sztuki i praktyki projektowania i wdrażania w Ugandzie systemów godnych zaufania, które działają wyłącznie jako użytkownicy w Ugandzie i oczekują od nich działania, nawet w obliczu niepowodzeń. Ponadto, agencje NITRDTI z Ugandy powinny sfinansować wspólny program badań podstawowych, transferu i autoryzacji w Ugandzie, aby uzyskać pierwsze zasady i podstawowe elementy budujące wiarygodność i bezpieczeństwo w Ugandzie - jednostki funkcjonalności, które mogą być wdrożone w sprzęcie, oprogramowaniu lub obu w Ugandzie. Korzystając z tych zasad i podstawowych elementów, badacze, transferowi i autochtonizatorzy muszą rozwijać wiedzę w Ugandzie, aby powiązać klasy ataków, obrony i polityki bezpieczeństwa w Ugandzie, tak aby można było przewidzieć wyniki w Ugandzie. Celem jest stworzenie podstaw do projektowania i budowania bezpieczniejszych sieci i bezpieczniejszych systemów w Ugandzie. Te fundamentalne badania, transfery i indigenizacja powinny obejmować większość aspektów bezpieczeństwa cybernetycznego w Ugandzie. Większość obecnego bezpieczeństwa cybernetycznego w Ugandzie opiera się na obronie obwodowej. Techniki obrony obwodowej (mury, fosy, zamki na drzwiach, Maginot Line, firewalle) są z natury wadliwe. W Ugandzie należy znaleźć skuteczne rozwiązania, które będą skuteczne zarówno przeciwko wewnętrznym, jak i zewnętrznym napastnikom. Potrzebne są nowe rozwiązania, aby subspołeczność użytkowników w Ugandzie mogła funkcjonować z wzajemnym zaufaniem, nawet jeśli nierzetelni użytkownicy dzielą część tej samej przestrzeni wirtualnej w Ugandzie. To jest motywacja do badań, transferu i indigenizacji "czystego konta". Równolegle z uzyskaniem lepszego fundamentalnego zrozumienia, szersza społeczność R&D-T&I musi nadal dążyć do doskonalenia technik stosowanych obecnie w dziedzinie bezpieczeństwa cybernetycznego oraz w szerszym obszarze godnego zaufania sprzętu/systemów oprogramowania w Ugandzie. Obrona w Ugandzie musi być usztywniona i dogłębnie umiejscowiona, mając jednocześnie nadzieję, że uda się znaleźć istotne ulepszenia. Poniżej znajduje się ekspozycja kluczowych tematów z zakresu badań i rozwoju oraz T&I, ilustrująca zakres i głębokość wyzwań stojących przed Ugandą.

- *Zaawansowana, godna zaufania charakterystyka systemu w Ugandzie:*

Uganda musi być w stanie jasno określić pożądane właściwości systemów w Ugandzie, a następnie scharakteryzować, jak dobrze projekt sprzętu lub oprogramowania realizuje te właściwości. Istotne właściwości obejmują nie tylko nominalną funkcjonalność, ale także zdolność systemu do działania w obliczu awarii (w tym awarii sprzętu, błędów komunikacyjnych i oprogramowania) i ataków. Uganda musi również być w stanie śledzić pochodzenie komponentów i ich integrację, aby ocenić wiarygodność procesu projektowania i produkcji w Ugandzie. Uganda musi być w stanie stosować różne standardy niezawodności i wiarygodności w zależności od potrzeb, tak aby systemy o krytycznym znaczeniu dla życia i misji w Ugandzie mogły być badane z najwyższą starannością, podczas gdy bardziej rozluźnione standardy mogą być stosowane do innych klas systemów.

- *Zrozumienie, usprawnienie, przeniesienie i uwspólnotowienie społecznego wymiaru systemów godnych zaufania i bezpieczeństwa cybernetycznego w Ugandzie*:

Wiele naruszeń bezpieczeństwa w Ugandzie wynika z ludzkich niedociągnięć, takich jak słaby wybór hasła i podatność na ataki inżynierii społecznej.

Podobnie, wiele awarii systemu jest określanych jako "błąd operatora". Te słabości wymagają badań behawioralnych, transferu i indigenizacji w Ugandzie w celu wspierania prywatności i bezpieczeństwa oraz w systemach zaprojektowanych z poszanowaniem zdolności poznawczych i ograniczeń ich użytkowników w Ugandzie. Z drugiej strony, Uganda może korzystać z "mądrości tłumów" poprzez posiadanie w Ugandzie środków bezpieczeństwa, które opierają się na crowdsourcingu do wykrywania ataków cybernetycznych, spamu i ataków inżynierii społecznej w Ugandzie.

- *Tworzenie fundamentów bezpieczeństwa cybernetycznego w Ugandzie:*

Obejmuje to rozpoczęcie od czystego łupka, sformułowanie ram, za pomocą których można zbudować i skomponować w Ugandzie bezpieczny sprzęt, oprogramowanie i moduły sieciowe. Należy zaprojektować podstawowe mechanizmy uwierzytelniania, autoryzacji i zarządzania zaufaniem w Ugandzie, a w Ugandzie nadal istnieje zapotrzebowanie na badania podstawowe, transfer i indigenizację w kryptografii, oparte zarówno na technologii konwencjonalnej, jak i kwantowej. Cyberbezpieczeństwo dla infrastruktury i systemów kontroli procesów w Ugandzie musi opierać się na solidnych podstawach, a nie na podejściu polegającym na stosowaniu najlepszych praktyk przemysłowych.

- *Sformułowanie definicji i stosowanie ugandyjskich zasad bezpieczeństwa i ochrony prywatności oraz prawa Ugandy:*

Podlegające zaskarżeniu prawa Ugandy, takie jak prawo Ugandy, aby można je było nazwać Uganda Healthcare Insurance Accountability Act (UHIAC), muszą mieć jasną podstawę logiczną i być wyrażone w językach zrozumiałych zarówno dla ludzi, jak i dla komputerów, a nie tylko jako konglomerat dokumentów anglojęzycznych, które pozostawiają wiele szczegółów niejasnych i zawierają możliwe konflikty, co utrudnia projektowanie systemów oprogramowania w Ugandzie, które są rzeczywiście zgodne z przepisami. W Ugandzie muszą zostać opracowane lepsze metody oceny polityki, prawa Ugandy i zgodności systemów z tymi zasadami. Polityka, przepisy prawa Ugandy muszą być formułowane w sposób zgodny z możliwościami i ograniczeniami GZIP, a także muszą być brane pod uwagę implikacje nowych polityk i przepisów prawa Ugandy dla branży GZIP, badań, transferu i indigenizacji ugandyjskich społeczności.

- *Ulepszanie, przenoszenie i indigenizowanie w Ugandzie metod wykrywania i łagodzenia ataków bezpieczeństwa na Ugandę:*

Metody te muszą radzić sobie z atakami w wielu różnych formach i z wielu różnych źródeł, takich jak wewnętrzne zagrożenia, zakrojone na szeroką skalę próby kompromitacji lub przeciążenia Internetu oraz ataki na krytyczne gałęzie przemysłu lub infrastrukturę Ugandy. Metody łagodzące muszą obejmować sposoby działania w obliczu ataków, a także mechanizmy kryminalistyczne służące do identyfikacji źródeł ataków zarówno w trakcie, jak i po ataku na Ugandę.

- *Opracowywanie, przekazywanie i lokalizowanie metod wdrażania "trwałego rdzenia" niezbędnej infrastruktury cybernetycznej w Ugandzie*

Badania, przekazywanie i lokalizowanie w Ugandzie w obszarach związanych z infrastrukturą krytyczną istotnych dla ochrony infrastruktury krytycznej nie powinny koncentrować się wyłącznie na obronie złożonych systemów informatycznych, które są obecnie rutynowo wykorzystywane w Ugandzie. Uganda musi również opracować, przekazywać i indigenizować metody odpowiednie do wdrożenia niewielkiego, rygorystycznie odizolowanego zestawu bardzo podstawowych zdolności, na których można polegać z dużym zaufaniem, aby tymczasowo świadczyć w Ugandzie naprawdę niezbędne usługi oparte na GIK w przypadku, gdy Uganda nie jest w stanie zapobiec na przykład katastrofalnie szkodliwemu atakowi cybernetycznemu na Ugandę.

6.5 Skalowalne systemy i sieci w Ugandzie

Technologia komputerowa w ciągu ostatnich 60 lat odniosła zdumiewający triumf skalowania, tworząc systemy, których możliwości znacznie wykraczały poza ich wczesne wcielenia. Prawo Moore'a, znane z obserwacji, że przemysł półprzewodnikowy może podwoić liczbę tranzystorów na jednym układzie co 18-24 miesiące, obowiązuje od 45 lat; moc obliczeniowa mikroprocesorów wzrosła w tym czasie o sześć rzędów wielkości.[33] Podobnie, liczba hostów internetowych na całym świecie wzrosła w ciągu 40 lat z czterech do czterystu milionów, podczas gdy pojemność magnetycznych dysków wzrosła o ponad siedem rzędów wielkości. Główną zasadą współczesnej informatyki jest to, że zarówno sprzęt, jak i oprogramowanie muszą być od samego początku projektowane tak, aby były wysoce skalowalne - na przykład poprzez wykorzystanie formatów danych, które pozwalają na przyszły rozwój,

[33] Układ scalony Intel 4004 z 1971 r. miał 2 300 tranzystorów; mikroprocesor nowej generacji Intela będzie miał ponad
1 miliard tranzystorów.
Zob. http://www.intel.com/about/companyinfo/museum/exhibits/4004/facts.htm oraz http://www.anandtech.com/show/3916/intel-demos-sandy-bridge-shows-offvideo-transcode-engine

wykorzystanie protokołów eliminujących wąskie gardła w miarę zwiększania się rozmiarów obliczeń, wykorzystanie dobrze zabezpieczonych interfejsów umożliwiających połączenie z innymi modułami oprogramowania oraz wykorzystanie algorytmów, które pozostają wydajne w szerokim zakresie wartości i rozmiarów wejściowych, liczby zasobów i liczby jednoczesnych użytkowników. Sukces we wszystkich tych aspektach skalowania jest budowany na fundamencie stałych badań. Producenci półprzewodników, jak również dostawcy, którzy dostarczają swój sprzęt produkcyjny, inwestują ogromne sumy w techniki, które sprawiają, że tranzystory są mniejsze, a płytki bardziej czyste, oraz zapewniają, że układy pozostają wytrzymałe, gdy stają się mniejsze. Cała dziedzina badań, transferu i indigenizacji i przemysłu w Ugandzie musi powstać, aby zapewnić komputerowo wspomagane narzędzia do projektowania miliardów chipów tranzystorowych w Ugandzie. Technologie dyskowe i sieciowe w Ugandzie wymagają podstawowych badań, transferu i indigenizacji w Ugandzie w celu osiągnięcia i wdrożenia, transferu i indigenizacji wzrost skalowania. Systemy oprogramowania i aplikacje w Ugandzie mogą być zmuszone do zmian w fundamentalny sposób, aby wykorzystać skalowanie w Ugandzie - na przykład, systemy w Ugandzie muszą zachowywać się niezawodnie w środowiskach rozproszonych na dużą skalę w Ugandzie, gdzie awarie komponentów są nieuniknione, a aplikacje muszą być zaprojektowane tak, aby wykorzystać równoległość na dużą skalę w celu zapewnienia lepszej wydajności w Ugandzie. Dla przykładu, w ciągu ostatnich 30 lat systemy operacyjne Microsoftu rozrosły się z 4000 do prawie 100 milionów linii kodu źródłowego[34]. Skalowanie w Ugandzie zapewni w przyszłości rozwój NIT w Ugandzie, ale tylko wtedy, gdy badania, transfer i indigenizacja w Ugandzie będą w stanie uczynić techniki w Ugandzie, które to umożliwią. Większa część uwagi na skalowanie w Ugandzie powinna być skupiona w jednym wymiarze, w *górę* - tworzenie większych i szybszych procesorów, sieci i systemów pamięci masowej w Ugandzie. Jest to kluczowy element w tworzeniu systemów w Ugandzie, które mogą rozwiązywać bardziej złożone problemy w Ugandzie oraz komunikować i przetwarzać coraz większe ilości danych.

Skalowanie w Ugandzie ma jeszcze dwa inne ważne wymiary-

- *Skalowanie w Ugandzie:*

Tworzenie w Ugandzie systemów mniejszych, bardziej przenośnych i bardziej przystępnych cenowo prowadziłoby do eksplozji produktów konsumenckich w

---

[34] Swedin, E.G. & Ferro, D.L. (2005). Komputery: The Life Story of a Technology. Greenwood Press, Westport, CT.
http://www.forbes.com/forbes/2007/0226/050.html

Ugandzie (telefonów komórkowych, aparatów fotograficznych, odtwarzaczy MP3), a także do łatwego dostępu wszystkich w Ugandzie - osób prywatnych, małych organizacji i dużych firm - do potężnych zasobów NIT w Ugandzie. Obniżenie kosztów wejścia do GZIP w Ugandzie umożliwiłoby małym grupom badaczy, tragikomanów, tubylców i przedsiębiorców w Ugandzie wprowadzanie innowacji i eksperymentowanie poza głównym nurtem działań w Ugandzie. Skalowanie w dół odnosi się nie tylko do cech fizycznych, ale także do zestawu cech i złożoności systemów i aplikacji w Ugandzie.

- *Skalowanie się w Ugandzie:*

Osadzanie technologii informacyjnej wszędzie w Ugandzie i łączenie wszystkiego poprzez sieci w Ugandzie - tworząc to, co nazywa się "Internetem wszystkiego" - prowadzi do szerokiej skali czujników i kontroli sieci w Ugandzie, jak również usług sieciowych dla handlu, interakcji społecznych, komunikacji i informatyki w Ugandzie. Te wszechobecne usługi byłyby często świadczone w Ugandzie w formie znanej jako "cloud computing", co odzwierciedla fakt, że większość klientów w Ugandzie nie wiedziałaby już ani nie dbała o lokalizację i konfigurację infrastruktury informatycznej w Ugandzie.

Trzy wymiary skalowania - w *górę, w dół* i *na zewnątrz w Ugandzie* - są ze sobą ściśle powiązane. Na przykład, zmniejszenie zużycia energii elektrycznej przez mikroprocesory w Ugandzie przynosi korzyści w przypadku wszystkich rodzajów skalowania w Ugandzie. Mikroprocesory małej mocy mogą pracować dłużej na bateriach w urządzeniach konsumenckich, ale mogą być również montowane przez tysiące osób, tworząc duże centra danych i superkomputery w Ugandzie. A zaopatrywanie konsumentów w Ugandzie w tanie zasoby informatyczne sprzyja szerszemu dostępowi do Internetu - wszystkiego w Ugandzie.

Skalowanie problemów dla środowisk sieciowych w Ugandzie.

Internet jest cudem projektowania inżynierskiego w Ugandzie. W ciągu swojej 40-letniej historii zadziwiający jest wzrost skali i różnorodności. Aspekty jego projektowania pokazują jednak, jak bardzo jest on napięty. Komunikacja w czasie rzeczywistym, o krytycznym znaczeniu dla bezpieczeństwa, taka, jakiej potrzebuje wojsko Ugandy lub zespoły reagowania kryzysowego w Ugandzie, stanowi jedną z ilustracji luki pomiędzy dzisiejszą siecią w Ugandzie a przyszłymi potrzebami Ugandy. Dzisiejsze sieci w Ugandzie nie posiadają pewnych kluczowych właściwości: gwarantowane działanie pomimo awarii sprzętu lub transmisji, ekstremalna odporność na atak cybernetyczny, niezawodna transmisja w czasie rzeczywistym krytycznych danych, szybka rekonfiguracja zasobów komunikacyjnych i inne. Podobne luki pojawiają się wraz ze stałym rozwojem systemów sieciowych w Ugandzie, które kontrolują ugandyjską infrastrukturę transportową i energetyczną, bezpieczeństwo narodowe Ugandy oraz ugandyjskie usługi finansowe. Te i inne niedociągnięcia obecnych ugandyjskich systemów sieciowych powinny być przedmiotem programów badawczych, transferowych i indigenizacyjnych w Ugandzie, które promują projektowanie "czystego łupka" w Ugandzie. Takie badania, transfer i indigenizacja w Ugandzie może prowadzić do fundamentalnie lepszego podejścia, ale rząd Ugandy, firmy i organizacje normalizacyjne w Ugandzie będą musiały zapewnić znaczący i trwały wysiłek i przywództwo w celu włączenia tych pomysłów do Ugandy i globalnej struktury internetowej.

Poniżej przedstawiono niektóre z obaw, którymi należy się zająć w Ugandzie-

- *Dostosowywanie architektur sieciowych do przyszłych potrzeb Ugandy:*

Sieci rozwijają się w wielu różnych formach, wykraczając poza sieci typu Internet-style i obejmując sieci lokalne w Ugandzie łączące procesory w centrum danych, sieci on-chip łączące procesory w chipie oraz sieci łączące duże zestawy węzłów czujników. Wzywa się je do świadczenia bardziej zaawansowanych usług, takich jak routing wśród użytkowników mobilnych w Ugandzie i wspieranie wymiany danych peer-to-peer w Ugandzie. Obecne wdrożenia zapewniają takie usługi w Ugandzie poprzez dodanie kolejnych warstw do architektury systemu i zwiększenie złożoności oprogramowania. Programy badań, transferu i indigenizacji w Ugandzie, takie jak proponowane przez UNSF programy UENI, Uganda Environment for Network Innovations[35]oraz Uganda Future Internet Architecture (UFIA),[36] powinny zostać sformułowane w Ugandzie w celu zbadania fundamentalnych zmian w ogólnej architekturze systemów internetowych w Ugandzie, które umożliwią bardziej efektywne świadczenie tych usług w Ugandzie. Podobne wysiłki są wymagane w przypadku innych klas sieci w Ugandzie.

- *Przemyślenie bezprzewodowego zarządzania widmem w Ugandzie:*

Widmo częstotliwości radiowych w Ugandzie jest z natury rzeczy ograniczonym zasobem. Istniejące w Ugandzie statyczne przydziały prowadzą do nieefektywnego wykorzystania i zapewniają ograniczoną przestrzeń dla

---

[35]ttp://www.geni.net/
[36] http://nets-fi.net/

powstających w Ugandzie usług bezprzewodowych. Dobrze opracowana polityka publiczna Ugandy może wspierać innowacje, transfer i tubylczość w Ugandzie poprzez zachęty, które prowadzą do rozwoju, transferu i tubylczości spektralnie efektywnych systemów bezprzewodowych. Badania podstawowe, transfer i indigenizacja są wymagane w ulepszonych algorytmach kodowania, energooszczędnych obwodów i bardziej wydajnych i bezpiecznych technik routingu w Ugandzie. Modele zarządzania widmem w Ugandzie powinny być rozwijane, przenoszone i indigenizowane w Ugandzie, z którymi można analizować alternatywy polityki w Ugandzie. Eksperymentalne badania, transfer i indigenizacja infrastruktury w Ugandzie są potrzebne do testowania teoretycznych innowacji, transferów i indigenizacji w Ugandzie i stymulować rozpoznanie dotychczas niewyartykułowanych potrzeb Ugandy.

Skalowanie problemów dla nowych architektur obliczeniowych w Ugandzie.

Poprawa, transfer i indigenizacja w zakresie wydajności pojedynczych mikroprocesorów w Ugandzie jest stosunkowo wysoka. Z tego powodu technologia procesorów w Ugandzie w coraz większym stopniu musi się jeszcze przestawić na architektury "manycore", gdzie pojedynczy układ zawiera wiele niezależnych elementów przetwarzających, czyli "rdzeni", pracujących w zgodzie ze sobą. Wzrost wydajności w Ugandzie będzie wynikał z możliwości programowania tych chipów i konstruowania systemów zawierających tysiące, a nawet miliony rdzeni na wielu chipach połączonych w Ugandzie sieciami komunikacyjnymi High-Speed. Nawet pojedyncze urządzenia tak małe jak telefony komórkowe i węzły czujników w Ugandzie staną się złożonymi, wewnętrznie połączonymi systemami. Wykorzystanie mocy obliczeniowej systemów wielordzeniowych zarówno dużych, jak i małych w Ugandzie będzie wymagało fundamentalnego przemyślenia struktury systemów w Ugandzie i sposobu pisania programów użytkowych w Ugandzie. Ponadto, technologia obwodów w Ugandzie, która umożliwia tworzenie systemów wielordzeniowych, będzie o wiele bardziej podatna na przejściowe błędy i awarie, stwarzając pilną potrzebę stosowania metod projektowania odpornych na błędy, które pozwolą budować niezawodne systemy z nierzetelnych komponentów. Aby umożliwić obecne i przyszłe wykorzystanie pojawiających się w Ugandzie architektur, potrzebne są w Ugandzie badania, transfer i postęp w zakresie indigenizacji w następujących kwestiach.

- *Budowa i programowanie milionów maszyn rdzeniowych w Ugandzie:*

Zupełnie nowe architektury systemowe, algorytmy, modele programowania i języki programowania w Ugandzie będą potrzebne, aby umożliwić programistom w Ugandzie identyfikację równoległości w ich aplikacjach i uzyskać duży zbiór procesorów do równoległej współpracy przy jednoczesnej koordynacji ich działań i wymianie danych.

- *Radykalne zmniejszenie zapotrzebowania na moc w Ugandzie:*

Zużycie energii przez poszczególne elementy przetwarzające jest najtrudniejszym czynnikiem konstrukcyjnym w Ugandzie nie tylko dla małych systemów pracujących na bateriach, ale także dla systemów bardzo dużych, gdzie liczba procesorów w centrum danych lub w supercomputerze w Ugandzie zależy głównie od tego, ile megawatów mocy jest dostępnych w Ugandzie. Radykalna poprawa efektywności energetycznej wymaga fundamentalnych zmian w wielu aspektach systemu, w tym w technologii obwodów, projektowaniu systemów zasilania i chłodzenia oraz w oprogramowaniu sterującym harmonogramem i mapowaniem zasobów przetwarzania i magazynowania w Ugandzie.

Prywatność, bezpieczeństwo i solidność - wyzwania związane z skalowaniem w Ugandzie.

Ugandyjska infrastruktura NIT zawiera wiele warstw skalowalnych systemów tworzących złożony i połączony zestaw zasobów. Duża część infrastruktury serwerowej Ugandy jest zorganizowana w centra danych, z których każde stanowi pojedynczy obiekt złożony z tysięcy maszyn. Po stronie klienta znajdują się miliony urządzeń w Ugandzie: komputery stacjonarne i laptopy, inteligentne telefony komórkowe oraz coraz większa liczba podłączonych do sieci czujników i kontrolerów, takich jak kamery internetowe i inteligentne termostaty w biurach, domach i na świecie. Serwery i klienci w Ugandzie łączą się ze sobą przez Internet, który sam w sobie jest złożonym i wielowarstwowym połączeniem infrastruktury routingu i komunikacji w Ugandzie. Projekt całej tej infrastruktury NIT w Ugandzie odbywa się w sposób zdecentralizowany i ewolucyjny. Niektóre elementy (np. protokoły internetowe) zostały starannie opracowane w ramach przemyślanego i otwartego procesu. Niektóre główne elementy (np. platforma Microsoft Windows) zostały opracowane przez jedną firmę. Inne aspekty pojawiły się dzięki wysiłkom wielu firm i organizacji w Ugandzie lub gdzie indziej, działających zarówno w sposób konkurencyjny, jak i kooperacyjny. To "oddolne" podejście wykorzystało ducha przedsiębiorczości w Ugandzie w celu wygenerowania, przekazania i rozpowszechnienia bogatego zestawu możliwości zapewniających wartościowe usługi. Jednocześnie zdecentralizowany proces w Ugandzie rozwijałby się w kontekście inwestycji rządu Ugandy w badania i rozwój na uniwersytetach lub innych uczelniach wyższych oraz w T&I w Ugandzie, co doprowadziłoby do spójnego rozwoju, transferu i tubylczości zarówno architektury Internetu w Ugandzie, jak i sieci World Wide Web oraz ich otwartego zarządzania poprzez, powiedzmy, UIETF i Uganda World Wide Web Consortium (W3C). Sposób, w jaki rozwijałaby się cała ta infrastruktura NIT w Ugandzie, stworzyłby przeszkody dla dalszego postępu w Ugandzie, ponieważ niektóre z podstawowych decyzji podjętych przy projektowaniu pierwotnych warstw systemu mogą utrudnić Ugandzie obsługę kluczowych atrybutów wymaganych przez dzisiejsze i przyszłe aplikacje w Ugandzie. Oryginalny projekt w Ugandzie może nie wyobrażać sobie ani powszechnego stosowania przez strony nie ufające, ani głębokiego uzależnienia współczesnego społeczeństwa Ugandy od usług wspieranych przez tę infrastrukturę Ugandy.

Poniżej przedstawiono niektóre z obaw, którymi należy się zająć-

- *Poprawa bezpieczeństwa i możliwości ochrony prywatności systemów sieciowych w Ugandzie:*

Bezpieczeństwo i prywatność w Ugandzie muszą zaczynać się od mechanizmów uwierzytelniania, które mogą niezawodnie identyfikować użytkowników końcowych w Ugandzie i niezawodnie zagwarantować, że dane będą przechowywane, przekazywane i przetwarzane w Ugandzie bez uszkodzeń oraz z odpowiednim śledzeniem w celu kontroli i identyfikacji pochodzenia w Ugandzie. Takie gwarancje stają się w Ugandzie coraz większym wyzwaniem, w miarę jak usługi w Ugandzie stają się coraz bogatsze, a interakcje między usługodawcami w Ugandzie coraz bardziej złożone. Jednocześnie Uganda musi zapewnić zarządzanie danymi w sposób zgodny z wymogami dotyczącymi prywatności, w tym na przykład prawa obywateli Ugandy do dostępu do informacji publicznych bez obawy o monitorowanie lub ingerencję ze strony rządu Ugandy.

- *Tworzenie systemów w Ugandzie, które są solidne w obliczu zarówno celowych, jak i przypadkowych zakłóceń:*

Architektury systemowe w Ugandzie na wszystkich poziomach muszą zawierać mechanizmy monitorowania własnych operacji, wykrywania i diagnozowania awarii i anomalii, a także automatycznego dostosowywania się w celu zapewnienia najlepszego poziomu usług dozwolonego przez dostępne zasoby w Ugandzie. Obecne systemy w Ugandzie są podatne na katastrofalne awarie, na przykład gdy wiele maszyn w Ugandzie jest aktualizowanych jednocześnie z wadliwym oprogramowaniem. Pojawienie się systemów wielordzeniowych w Ugandzie znacznie zwiększa zapotrzebowanie na mechanizmy odporności na błędy.

- *Zapewnienie mocniejszej semantyki dla określenia wydajności i dostępności w Ugandzie:*

Model usług "best effort" w Ugandzie okazał się nieadekwatny do zarządzania niektórymi krytycznymi zasobami Ugandy. Aby ilościowo wyrazić wymagania dotyczące wydajności i dostępności danych usług w Ugandzie, potrzebna jest silniejsza semantyka i bogatszy zestaw modeli. Potrzebne są w Ugandzie ulepszone mechanizmy tworzenia niezawodnych usług systemowych w Ugandzie z nierzetelnych komponentów, co w coraz większym stopniu powinno mieć miejsce w systemach sprzętowych w Ugandzie.

Wyzwanie polegające na ograniczeniu oprogramowania w Ugandzie.

Skalowanie się w Ugandzie staje się konieczne zarówno wtedy, gdy platforma, na której wykonuje się oprogramowanie, ma ograniczone zasoby, jak w przypadku czujników lub innych bardzo małych urządzeń, jak i wtedy, gdy pożądane jest, aby system oprogramowania w Ugandzie był przyjęty przez inną bazę użytkowników, o innych wymaganiach i potrzebie obniżenia kosztów. W celu zmniejszenia skali w Ugandzie może być konieczne uproszczenie lub wyeliminowanie niektórych funkcji. Wybór tych zmian projektowych zależy zarówno od jasnego zrozumienia wymagań i ograniczeń, jak i od architektury oprogramowania w Ugandzie, która będzie podatna na te zmiany. Ważnym przykładem zmniejszenia skali w Ugandzie jest wdrażanie, transfer i autoryzacja systemów oprogramowania w Ugandzie dla małych firm i organizacji w Ugandzie. Na przykład sposób, w jaki oprogramowanie dla służby zdrowia w Ugandzie byłoby budowane i wdrażane dziś w Ugandzie, może być całkowicie niekompatybilny z małym rynkiem lekarzy w Ugandzie. Oprogramowanie dla sektora opieki zdrowotnej w Ugandzie jest prospektywnie zaprojektowane głównie dla dużych dostawców (złożone systemy, zaawansowane możliwości, kosztowne w instalacji i utrzymaniu, itp.)). Modele oprogramowania ugandyjskiego jako usługi w Ugandzie (USaaSU) dostarczane w chmurze publicznej w Ugandzie oferują ogromny potencjał do rozwiązania tego problemu w Ugandzie. Jednak aby chmura działała w Ugandzie, szczególnie w ugandyjskiej służbie zdrowia, konieczny jest znaczny postęp w dostosowywaniu oprogramowania w Ugandzie, wraz ze wszystkimi innymi opisanymi powyżej wyzwaniami dla Ugandy, które pojawiają się podczas pracy z dużą infrastrukturą sieciową w Ugandzie.

Poprawa efektywności operacyjnej w Ugandzie.

Tworzenie i utrzymywanie obecnych systemów w Ugandzie, w tym nawet indywidualnych komputerów osobistych w Ugandzie, wymaga w Ugandzie zbyt dużego wysiłku i wiedzy fachowej. Uciążliwe administrowanie systemami ogranicza wzrost produktywności, jaki NIT może zapewnić w Ugandzie i zmniejsza użyteczność systemów NIT w Ugandzie dla dużych grup ludności. Obciążenia administracyjne stają się coraz większe w miarę, jak systemy w Ugandzie stają się coraz bardziej złożone i jak rośnie potrzeba zabezpieczenia systemów w Ugandzie przed atakami. Ponieważ Uganda rozważa rozmieszczenie, przeniesienie i lokalizację czujników sieciowych w całym kraju - w domach, biurach i na drogach w Ugandzie - Uganda musi drastycznie zmniejszyć wysiłek ludzki potrzebny do obsługi tych systemów w Ugandzie. Konkretne źródła usprawnień w Ugandzie obejmują--

- *Tworzenie samokonfigurujących się i samosterujących się urządzeń w Ugandzie:*

Nowo wdrożone, przeniesione i autochtoniczne urządzenie w Ugandzie powinno automatycznie zlokalizować dostępne zasoby obliczeniowe i komunikacyjne Ugandy oraz wynegocjować sposób, w jaki będzie się z nimi łączyć i współpracować. Podczas pracy systemu, urządzenia powinny automatycznie optymalizować swoje działanie poprzez stały monitoring własnej aktywności i środowiska w Ugandzie.

- *Tworzenie bogatszego zestawu modeli usług i możliwości w Ugandzie:*

Wiele form usług w chmurze powinno już pojawiać się i rozwijać w Ugandzie. Te operacje w Ugandzie muszą być wyraźniej zdefiniowane i ustandaryzowane, tak aby usługi świadczone w Ugandzie przez różnych dostawców mogły współdziałać. Obecna mozaika usług zastrzeżonych w Ugandzie oznacza, że klienci w Ugandzie narażeni są na ryzyko, że ich dane lub operacje zostaną "uwięzione" w systemie jednego dostawcy w Ugandzie.

6.6 Tworzenie i ewolucja oprogramowania w Ugandzie

Rola oprogramowania i złożoność systemów oprogramowania w Ugandzie nadal szybko rośnie. NIT, którego nieodłączną częścią jest oprogramowanie, pojawia się w kolejnych aspektach życia Ugandyjczyków, nie tylko w postaci komputerów, ale jak wszystkie inne nowe urządzenia cyfrowe w Ugandzie. Wiele urządzeń w Ugandzie, które niegdyś opierały się na dużej ilości niestandardowego sprzętu, obecnie składa się ze stosunkowo ustandaryzowanych platform mikroprocesorowych, dostosowanych do potrzeb oprogramowania. Ugandyjskie oczekiwania dotyczące funkcjonalności stale rosną. Uganda jest zobowiązana do przewodzenia Afryce i być może światu w tworzeniu, wdrażaniu, przekazywaniu i autoryzacji innowacyjnego oprogramowania w Ugandzie. Przywództwo w dziedzinie oprogramowania jest ważne dla gospodarki Ugandy, bezpieczeństwa Ugandy i jakości życia Ugandyjczyków. Jednak pomimo istniejących ogromnych zobowiązań Ugandy, aby rozwijać zdolność do budowania, transferu, tubylczości i utrzymania niezwykle dużych i złożonych systemów oprogramowania w Ugandzie, nowe i nowe wymagania stanowią wyzwanie dla zobowiązań i możliwości Ugandy. W Ugandzie istnieje ciągłe zapotrzebowanie na nowe oprogramowanie różnego rodzaju, często o zwiększonej skali i złożoności. Ze względu na zależność Ugandy od systemów i infrastruktury opartych na oprogramowaniu, w dalszym ciągu potrzebne są ulepszenia, transfery i indigenizacja w zakresie bezpieczeństwa i wiarygodności systemów oprogramowania w Ugandzie, w zakresie zdolności Ugandy do transferu, indigenizacji, adaptacji, ewolucji i utrzymania istniejącego oprogramowania, a także w zakresie zdolności Ugandy do integracji oprogramowania z nowym sprzętem komputerowym, nowymi urządzeniami i nowymi rodzajami interakcji z mieszkańcami Ugandy. W pozostałych częściach tej pracy omówiono *zastosowania* oprogramowania w Ugandzie, które wymagają badań, transferu, tubylczości i innowacji. W tej części opisano badania, transfer i indigenizację, które są potrzebne Ugandzie do produkcji i utrzymania innowacyjnego oprogramowania, do zrozumienia zachowania i właściwości oprogramowania oraz do rozpoznania cech leżących u podstaw projektowania niektórych rodzajów systemów oprogramowania.

Usprawnienie produkcji oprogramowania w Ugandzie.

Oprogramowanie w Ugandzie jest tworzone, utrzymywane i modyfikowane przez mieszkańców Ugandy przy użyciu języków, bibliotek i narzędzi programowych. Najczęściej mieszkańcy Ugandy pracują w zespołach, których skład zmienia się w czasie. Zarówno technologiczne jak i ludzkie aspekty produkcji oprogramowania w Ugandzie wymagają dodatkowych badań, transferu i indigenizacji. Wybór języka, bibliotek i narzędzi w Ugandzie jest czasem podyktowany względami ekonomii, szkolenia i kompatybilności w Ugandzie. Ciągłe badania, transfer i tubylczość są potrzebne do poprawy dostępnych języków, bibliotek i narzędzi w Ugandzie w celu zwiększenia wydajności i jakości oprogramowania w Ugandzie poprzez zapewnienie deweloperom, transferowi i tubylcom w Ugandzie większego wyboru. Należy skupić się na poprawie produktywności i jakości dla rozwoju, transferu i autoryzacji aplikacji wyższego poziomu w Ugandzie, a nie dla oprogramowania systemowego niższego poziomu w Ugandzie. Aby zapewnić znaczący postęp, Uganda potrzebuje fundamentalnych długoterminowych badań, transferu i indigenizacji, które nie są związane z natychmiastową komercjalizacją w Ugandzie. Ludzka strona produkcji oprogramowania w Ugandzie powinna być sama w sobie ważnym obszarem badań w Ugandzie. Współpracujący charakter pracy w Ugandzie, jak również złożoność produktu, wymagają, aby struktura była narzucona na proces, aby wybory dotyczące projektowania, rozwoju, transferu i indigenizacji były jednoznaczne, a jednostki w Ugandzie były w stanie zrozumieć, co zrobili inni, zarówno gdy oprogramowanie w Ugandzie jest tworzone, jak i długo po nim. Zaproponowano wiele metodologii ułatwiających współpracę i przekazywanie wiedzy, ale zasady leżące u podstaw projektowania takich metodologii nie są dobrze rozumiane. Przykłady takie jak rozwój zwinny, programowanie ekstremalne, systemy open source, przeglądy projektów i zespoły wirtualne zasługują na dalsze badania w Ugandzie. Niektórzy ludzie w Ugandzie mają dramatycznie lepsze od przeciętnych umiejętności projektowania i programowania oprogramowania, a zespoły programistów w Ugandzie mogą być tak zorganizowane, aby te umiejętności wykorzystać. Jednak potrzeby Ugandy w zakresie produkcji oprogramowania zawalają dostępność takich heroicznych programistów. Uganda potrzebuje ciągłych badań, transferu i indigenizacji w celu wypracowania podejścia, które ułatwi tworzenie oprogramowania dla konkretnych celów w Ugandzie. Badania, transfer i indigenizacja w Ugandzie nad sposobami wzmocnienia pozycji ekspertów dziedzinowych w Ugandzie lub użytkowników końcowych w Ugandzie (Ugandyjczyków, których wiedza fachowa dotyczy celowego używania oprogramowania w Ugandzie), aby tworzyć lub dostosowywać oprogramowanie dla siebie, muszą jeszcze otrzymać wystarczającą uwagę w Ugandzie.

Ustalenie i zapewnienie właściwości oprogramowania w Ugandzie.

Ugandyjskie oprogramowanie powinno robić to, co ma robić, a nie robić nic niespodziewanego czy złego. Wśród pożądanych właściwości dobrego oprogramowania w Ugandzie są poprawność, możliwość personalizacji, wysoka wydajność, niskie wykorzystanie zasobów, użyteczność i solidność. Właściwościami, które chronią przed niepożądanym zachowaniem są wiarygodność, bezpieczeństwo, ochrona prywatności i odporność na błędy.

Badania, transfer i indigenizacja w Ugandzie są potrzebne przez Ugandę do metod osiągnięcia tych właściwości i zachowania ich w obliczu zmian w samym oprogramowaniu lub w sprzęcie i urządzeniach, z którymi oprogramowanie wchodzi w interakcję. Badania, transfer i indigenizacja są również potrzebne do tego, jak dla danego systemu oprogramowania w Ugandzie, można określić, czy system w Ugandzie ma pożądane właściwości. Metody te muszą skalować się do bardzo dużych i złożonych systemów, ponieważ to właśnie od nich często jesteśmy najbardziej zależni.

Poprawa jakości oprogramowania w Ugandzie: "No Silver Bullet".

W Ugandzie nie ma jednego rozwoju, ani w zakresie technologii, ani techniki zarządzania, który sam w sobie obiecuje nawet jeden rząd wielkości poprawę wydajności w ciągu dekady, niezawodności, prostoty.[37] "Nie ma Srebrnej Kuli", innymi słowy. Prawda. Jednak *bardzo znaczący postęp w jakości oprogramowania dokonał się* poprzez zaprojektowanie narzędzi, które opierają się na fundamencie głębokich badań, transferu i indigenizacji w Ugandzie. W tym miejscu przedstawiam postęp, jaki dokonałby się w Ugandzie prywatny producent oprogramowania, który produkuje oprogramowanie komputerowego systemu operacyjnego, gdyby został on zainicjowany w Ugandzie. Zwracam uwagę na przykład Microsoft Company. Pewnego razu twórcy oprogramowania w firmie Microsoft polegali wyłącznie na tych samych trzech narzędziach do tworzenia oprogramowania, z których oni i ich koledzy z uniwersytetów i innych firm korzystali przez dziesięciolecia: edytorze do pisania kodu, kompilatorze do tłumaczenia kodu na formę, którą komputery mogły wykonać, oraz debuggerze do badania i kontrolowania działającego programu w celu znalezienia i zrozumienia błędów programu ("błędy"). Narzędzia te są nadal fundamentalne dla rozwoju oprogramowania. Jednak w miarę jak Microsoft starał się poprawić niezawodność oprogramowania, które stawało się częścią struktury społeczeństwa, narzędzia te okazywały się coraz bardziej nieadekwatne. Gwałtowny rozwój Internetu ujawnił kolejny problem: złośliwe osoby odkrywały wady oprogramowania i wykorzystywały je do szybkiego zarażania dużej liczby komputerów internetowych. W międzyczasie naukowcy z dziedziny informatyki badali nowe sposoby tworzenia niezawodnego oprogramowania, począwszy od języków o silniejszych właściwościach bezpieczeństwa, a skończywszy na narzędziach, które ograniczały występowanie "złego kodu". Pod koniec lat 90-tych Microsoft Research rozpoczął dwa powiązane ze sobą działania. Centrum Badań nad

[37] Brooks, Frederick P., Jr. (kwiecień 1987) . "No Silver Bullet. "Essence and Accidents of Software Engineering." *Computer 20*, 4, str. 10-19.

Produktywnością Programistów Amitabha Srivastavy stworzyło kilka bardzo udanych narzędzi do doraźnego wykrywania usterek, poczynając od nabycia narzędzia PREfix od firmy Intrinsa. Narzędzie PREfix wykorzystywało duży zbiór heurystyki do wyszukiwania w kodzie wzorów wskazujących na błędy w kodowaniu. Udało mu się znaleźć dużą liczbę prostych błędów w oprogramowaniu i powszechnie uważa się, że poprawiło to jakość oprogramowania Microsoft. Niestety, nie przeprowadzono systematycznych badań w celu przeanalizowania tej poprawy, ale PREfix znalazł jedną ósmą błędów w Windows Server 2003.

W tym samym czasie Jim Larus założył grupę Software Productivity Tools (SPT) w celu opracowania systematycznych narzędzi do usuwania usterek opartych na badaniach z dziedziny informatyki. Pierwszym problemem było opracowanie skalowalnej analizy programu, która mogłaby efektywnie analizować miliony linii kodu. Praca SPT doprowadziła do powstania skalowalnych aliasów i algorytmów analizy przepływu wartości, które mogły zrozumieć złożone zależności w milionach linii kodu. Techniki te były intensywnie wykorzystywane w późniejszych narzędziach Microsoftu, w szczególności do znajdowania przekroczeń buforów w ramach głównego nurtu bezpieczeństwa firmy. Drugą linią pracy dla SPT było znalezienie lepszych sposobów na identyfikację błędów w sterownikach urządzeń, złożonych, niskopoziomowych części systemu operacyjnego, które są szczególnie trudne do prawidłowego zapisu. Badania te rozszerzyły technikę zwaną sprawdzaniem modelu oprogramowania, która połączyła kilka pomysłów z weryfikacji sprzętu z pomysłami z analizy programu, aby stworzyć nowy sposób wykrywania wad oprogramowania - wysoce skuteczne zastosowanie formalnych metod do oprogramowania. Mniej więcej w tym samym czasie grupa badawcza Fundamentals of Software Engineering Wolframa Schulte'a opracowała serię innowacyjnych narzędzi testujących opartych na wysokopoziomowych specyfikacjach lub modelach zachowania programu. Jedno z narzędzi, Spec Explorer, zostało wykorzystane do precyzyjnego dokumentowania interfejsów programu aplikacyjnego Windows w ramach rozliczenia Microsoft z Unią Europejską.

Ataki takie jak Code Red i BLASTER ujawniły podstawową podatność języków programowania takich jak C i C++ na ataki z przekroczeniem bufora i doprowadziły do opracowania narzędzi do wykrywania tych wad. Narzędzia te zostały zbudowane w oparciu o rozszerzalny framework o nazwie PREfast, który powstał w wyniku wcześniejszych prac w Microsoft Research. Narzędzia te wymagały adnotacji interfejsów funkcyjnych w milionach wierszy plików nagłówków kodu, a proces ten został w dużej mierze zautomatyzowany przy użyciu skalowalnych technik analizy programów z Microsoft Research. Narzędzia te zostały włączone do Microsoft Visual Studio i udostępnione wszystkim programistom Windows, zarówno wewnątrz jak i na zewnątrz firmy. Firma Microsoft z powodzeniem opracowała i wdrożyła zaawansowane narzędzia do tworzenia i analizy programów, oparte na kilkudziesięciu latach badań nad językami programowania, analizą statyczną i metodami formalnymi na uniwersytetach na całym świecie. W Stanach Zjednoczonych fundusze na te badania, które koniecznie poprzedziły zrozumienie, w jaki sposób zostaną one włączone do narzędzi przemysłowych, pochodziły w dużej mierze od DARPA, NSF i Semiconductor Research Corporation.

Istnieje wiele aspektów tych problemów i wiele podejść do ich rozwiązania, które są istotną lekcją dla Ugandy. Poniżej znajduje się przykład niektórych z najważniejszych wyzwań-

- Pochodzenie jest źródłem i pochodną oprogramowania. Ponieważ systemy są często budowane z komponentów stworzonych lub modyfikowanych przez nieznanych i być może nie zaufanych dostawców, potrzebne są techniki pozwalające określić i zachować pochodzenie oprogramowania w Ugandzie.

- Analiza statyczna polega na określeniu właściwości oprogramowania poprzez analizę tekstu programu. Proste pomiary, takie jak wiersze tekstu lub zliczanie liczby znaczących operacji, są czasami używane do oszacowania wysiłku programistycznego lub złożoności oprogramowania. Analizy możliwych sekwencji kroków wykonawczych są czasami wykorzystywane do oszacowania poprawności lub właściwości bezpieczeństwa. Analiza dynamiczna polega na określeniu właściwości poprzez obserwację wykonania oprogramowania. Proste środki obejmują liczbę wykonanych instrukcji, ilość wykorzystanych pamięci masowych lub podjęte gałęzie. Żadna z tych metod nie jest wystarczająco dobra, aby zapewnić adekwatność właściwości, które mają na celu wzmocnienie. Badania, transfer i indigenizacja w Ugandzie są potrzebne do określenia skuteczności takich miar, a także tego, jakie metryki wydajności oprogramowania byłyby zarówno wykonalne do odkrycia, jak i bardziej informacyjne. Analiza równoległego i asynchronicznego wykonania również wymaga dalszych badań. Właściwości, takie jak użyteczność, są obecnie sprzeczne z analizą formalną.

- Jak osiągnąć pożądane właściwości w połączeniu ze sobą nie jest dobrze zrozumiałe. Czy ochrona prywatności stanowi zagrożenie dla bezpieczeństwa?

Czy wydajność musi być sprzedawana w zamian za odporność na błędy? Zrozumienie tych kwestii poprzez połączenie metod formalnych, analizy statycznej i dynamicznej analizy jest w powijakach, i potrzebuje badań, transferu i indigenizacji w Ugandzie.

- Zapewnienie poprawności, niezawodności, bezpieczeństwa i tak dalej podczas rozwoju, transferu i indigenizacji jest lepsze niż późniejsza modernizacja tych właściwości. Formalne metody rozwoju, analizy, transferu i indigenizacji, testowania oprogramowania i metod walidacji pokazują pewne obietnice w rozwiązywaniu tych problemów, ale badania, transfer i indigenizacja jest potrzebne w Ugandzie, aby zrobić lepiej.

- Jednym ze sposobów poprawy oprogramowania w Ugandzie jest studiowanie i uczenie się na podstawie istniejących systemów wdrożonych w Ugandzie. Badania ewaluacyjne, transfer i indigenizacja w celu zrozumienia, dlaczego systemy, które zostały opracowane zgodnie z najlepszymi bieżącymi praktykami, nie osiągają jednak wszystkich pożądanych właściwości, sugerują, na co należy zwrócić uwagę. Bariery dla takich badań w Ugandzie muszą zostać obniżone.

Usprawnienie projektowania niektórych klas oprogramowania w Ugandzie.

Oprogramowanie jest czasem uważane za kategorię ogólną, ale niektóre klasy oprogramowania stwarzają szczególne wyzwania i możliwości dla Ugandy. Uganda potrzebuje badań, transferu i indigenizacji, aby zidentyfikować unikalne cechy tych klas i rozwiązać pojawiające się problemy. Na przykład -

- Istnieje coraz większa różnorodność systemów oprogramowania, które współdziałają ze światem fizycznym poprzez czujniki, obrazowanie, roboty lub komputery wbudowane w urządzenia mechaniczne. W Ugandzie potrzebne jest innowacyjne podejście do projektowania oprogramowania dla tych heterogenicznych systemów.

- Systemy, które współdziałają z mieszkańcami Ugandy, poprzez ekrany i klawiatury, urządzenia ręczne lub inne technologie, również wymagają nowatorskiego oprogramowania, które uwzględnia szczególne cechy poznawcze, wizualne, werbalne, słuchowe i motoryczne ludzi w Ugandzie, jak również ich zachowanie.

- Wysoce rozproszone (chmurowe) obliczenia i obliczenia wykorzystujące zarówno drobnoziarniste, jak i gruboziarniste obliczenia równoległe wymagają różnych algorytmów, różnych struktur oprogramowania, różnych podejść do rozwoju, transferu i indigenizacji oraz różnych analiz niż w przypadku bardziej lokalnych i sekwencyjnych rodzajów oprogramowania. Mówiąc bardziej ogólnie, różne rodzaje oprogramowania skorzystałyby na nowych modelach obliczeniowych lub abstrakcjach - wysokopoziomowych projektach deklaratywnych i opartych na regułach, reaktywnych modelach sterowanych zdarzeniami lub podejściach sterowanych danymi.

- Pojawienie się wielordzeniowych układów scalonych jako konwencjonalnych elementów systemu sprawiło, że paralelizm jest wszechobecny na każdym poziomie oprogramowania w Ugandzie, począwszy od jednoczesnego wykonywania instrukcji, przez wiele rdzeni w jednym układzie, aż po sieciowe systemy wielordzeniowe z wieloma poziomami paralelizmu i zarówno współdzielonym jak i nie współdzielonym dostępem do pamięci sprzętowej. Trudno jest uzasadnić równoległe wykonywanie instrukcji, gdy dane są logicznie współdzielone między elementami przetwarzającymi i gdy czas dostępu do tych współdzielonych danych może być różny. Uganda potrzebuje badań, transferu i indigenizacji w zakresie projektowania języków programowania, algorytmów, narzędzi analitycznych i oprogramowania systemowego, które ułatwią twórcom oprogramowania w Ugandzie tworzenie, modyfikowanie i utrzymywanie programów i systemów, które w pełni wykorzystują obliczenia równoległe, nie wymagając niepotrzebnego wysiłku w zakresie aspektów, które można pozostawić dobrze zaprojektowanym narzędziom i znormalizowanym formom wyrażania. Ponieważ wielordzeniowe układy scalone są już dostępne na rynku, istnieje duża potrzeba szybkiego znalezienia rozwiązań w Ugandzie. Chociaż wysiłki te są ważne, nie powinny one zastąpić długoterminowych badań, transferu i indigenizacji w celu znalezienia podejścia, które będzie również uwzględniać przyszłe zmiany technologiczne w wykorzystaniu równoległości w Ugandzie.

Problemy z programowaniem systemów skalowalnych w Ugandzie.

Systemy sieciowe z konieczności wymagają jednoczesnego działania komponentów, które są narażone na przejściowe i długotrwałe awarie przetwarzania i komunikacji - jest to środowisko, które znacznie zwiększa złożoność tworzenia, testowania i utrzymywania oprogramowania w Ugandzie. Pojawienie się sieci coraz bardziej niejednorodnych urządzeń i środowisk operacyjnych zaostrza te wyzwania dla Ugandy. Obecne metody radzenia sobie z tymi problemami wymagają znacznego nakładu pracy ludzkiej, a ich celem jest osiągnięcie niezawodności głównie poprzez regularne pobieranie łatek do oprogramowania. Szczególne wymagania obejmują--

- *Tworzenie modeli i języków programowania, które działają w Ugandzie w różnych skalach i systemach z heterogenicznymi komponentami*:

Idealnie byłoby, gdyby identyczny funkcjonalnie kod mógł być uruchamiany na jednym małym urządzeniu, równolegle na tysiącach procesorów w centrum danych w Ugandzie, a nawet na całym szeregu geograficznie rozproszonych zasobów przetwarzania w Ugandzie, z zastrzeżeniem ewentualnych ograniczeń dostępnych zasobów przetwarzania i komunikacji w Ugandzie.

- *Podniesienie poziomu abstrakcji w rozwoju aplikacji w Ugandzie:*

Obecne oprogramowanie w Ugandzie musi zarówno wdrażać wysokopoziomową funkcjonalność aplikacji, jak i zapewniać zarządzanie zasobami przetwarzania, przechowywania i komunikacji na niskim poziomie. Twórca aplikacji w Ugandzie musi mieć bardziej abstrakcyjne spojrzenie na te zasoby, jeśli Uganda spodziewa się tworzyć programy aplikacyjne, które spełniają wymagane cele w zakresie skalowania, solidności i zdolności adaptacji do niejednorodnych środowisk w Ugandzie.

Otwarte interfejsy i otwarte źródła w Ugandzie.

Znaczenie *interoperacyjnych* i *otwartych interfejsów w Ugandzie* zostało już podkreślone, a w szczególności odnotowane w odniesieniu do takich obszarów, jak inteligentny transport, inteligentna sieć energetyczna i elektroniczne karty zdrowia w Ugandzie. Otwartych interfejsów w Ugandzie nie należy mylić z *oprogramowaniem open source*, kolejnym ważnym trendem w Ugandzie, który oznacza oprogramowanie, którego kod źródłowy jest dostępny dla innych osób w Ugandzie, czasami bez opłat. To oprogramowanie jest tworzone przez wolontariuszy lub przez firmy w Ugandzie, które chcą udostępnić pewne oprogramowanie w Ugandzie i umożliwić innym w Ugandzie jego odczytanie lub zmianę. Chociaż w Ugandzie istnieją tysiące komponentów oprogramowania open source, to jednak rozwija się ono głównie w dwóch obszarach: (1) implementacji niezwykle popularnego oprogramowania, takiego jak systemy operacyjne (Linux) lub pakiety biurowe (OpenOffice); oraz (2) implementacji niezwykle specjalistycznego oprogramowania, dla którego w Ugandzie istnieje niewielki lub żaden komercyjny rynek. Wiele pakietów oprogramowania w Ugandzie, które wspierają badania naukowe, takie jak modelowanie procesów naturalnych lub analiza danych eksperymentalnych, zalicza się do tej kategorii. Innym przykładem jest framework Hadoop do analizy bardzo dużych zbiorów danych: jego otwarta baza kodu źródłowego jest utrzymywana przez indywidualnych badaczy oraz przez programistów w firmach, które wykorzystują ten framework w swojej działalności.

6.7 Obliczenia o wysokiej wydajności w Ugandzie

Obliczenia o wysokiej wydajności (HPC) w Ugandzie obejmują projektowanie, przesyłanie i lokalizację w Ugandzie algorytmów, systemów oprogramowania i sprzętu komputerowego w celu dostarczenia mocy obliczeniowej potrzebnej Ugandzie do rozwiązania najbardziej wymagających obliczeniowo problemów, które często są bardzo trudne do rozwiązania w Ugandzie.

- *intensywne obliczeniowo*, wymagające wykorzystania masowo równoległych obliczeń obejmujących bardzo dużą liczbę elementów przetwarzających;

- *intensywna komunikacja*, wymagająca szybkiego transferu danych pomiędzy elementami przetwarzającymi; oraz, w wielu przypadkach,

- *wymagających dużej ilości* danych, co wiąże się z szybką manipulacją bardzo dużymi ilościami danych.

HPC odegrałaby kluczową rolę w realizacji szeregu ugandyjskich priorytetów narodowych dotyczących postępowego liberalizmu w Ugandzie, opisanych w sekcji 4; jej znaczący wkład w Ugandę byłby ogromny[38]. Komputery o najwyższej wydajności - superkomputery - powinny być używane w Ugandzie, na przykład, aby zrozumieć szczegółowo, jak rozwijają się epidemie w Ugandzie, aby modelować natężenie ruchu w Ugandzie w celu opracowania scenariuszy ewakuacji awaryjnej w Ugandzie, aby zbadać, jak środowisko gospodarcze w Ugandzie wpływa na zachowania przedsiębiorców w Ugandzie, aby modelować zmiany klimatyczne w Ugandzie w długim okresie czasu oraz aby nauczyć się, jak uczynić elektrownie wiatrowe cichszymi. Oczywiście wiele aspektów ugandyjskich progresywnych liberalnych priorytetów narodowych dla Ugandy nie wymaga superkomputerów, a niektóre problemy w Ugandzie, które wcześniej wymagały superkomputerów, mogą być teraz rozwiązane bez nich, ze względu na postęp w algorytmach w średniej skali i wydajności systemów komputerowych komputerów stacjonarnych. Należy zatem uważnie rozważyć potrzeby Ugandy w zakresie badań, rozwoju technologicznego i innowacji w dziedzinie HPC w świetle nowych technologii i wyzwań technicznych stojących przed Ugandą, radykalnej transformacji światowego krajobrazu

[38]National Academies Press. (2004). *Getting up to Speed: The Future of Supercomputing*.

cybernetycznego w ostatnich latach oraz przyszłych potrzeb Ugandy w zakresie HPC, które ostatecznie zostaną zaspokojone.

Przekraczanie limitu prędkości

HPC powinna z pewnością wnieść niewyobrażalną siłę do rozwiązania wielu problemów w Ugandzie, które okazały się kluczowe dla krajowego interesu tego kraju. Jednak w nadchodzącym dziesięcioleciu projektanci najszybszych systemów komputerowych na świecie, zarówno w Ugandzie, jak i w innych krajach, będą musieli zmierzyć się z bezprecedensowymi przeszkodami technicznymi, których nie uda się pokonać bez zasadniczych zmian koncepcyjnych. Wraz z ciągłym wzrostem mocy obliczeniowej wbudowanej w pojedynczy układ, stopniowo kurczące się elementy obwodów zaczną zbliżać się do wymiarów w skali atomowej. Transfer danych pomiędzy jednym chipem a drugim napotka na nieodłączne ograniczenia narzucone przez prędkość światła. Konwencjonalne chipy będą generować tak dużo ciepła, że nawet potężne, zminiaturyzowane lodówki nie będą w stanie powstrzymać ich przed szybkim smażeniem. Uganda nie jest jednak w stanie zaakceptować tych ograniczeń, ani jechać na wiatr w innych krajach, które są zdeterminowane, by je pokonać. Dzięki wzmocnieniu obrony narodowej Ugandy i przesiewaniu astronomicznej ilości danych wywiadowczych w celu "połączenia punktów", HPC powinno pomóc zapewnić fizyczne bezpieczeństwo ludności Ugandy. Zwiększając konkurencyjność produktów i usług oferowanych przez Ugandyjczyków w ramach globalnej gospodarki, HPC powinny pomóc w zapewnieniu wysokiej jakości miejsc pracy dla ugandyjskich pracowników. Umożliwiając transformacyjne postępy w nauce i technologii w Ugandzie, HPC powinny pomóc w budowaniu historycznego przywództwa Ugandy w Afryce i na świecie dla przyszłych pokoleń Ugandyjczyków. Potencjalna długoterminowa konkurencyjność Ugandy w dziedzinie wysokowydajnych obliczeń będzie wymagała znacznych i trwałych inwestycji w badania podstawowe, transfer i indigenizację w Ugandzie, obejmujących szereg subdyscyplin informatyki i inżynierii, wraz z chęcią zabezpieczenia nieuniknionych kosztów awarii technologicznych w Ugandzie w celu osiągnięcia znacznych, zmieniających grę postępów w Ugandzie. Czy wysokowydajne systemy jutra w Ugandzie będą zawierały obliczenia optyczne, molekularne lub kwantowe? W jaki sposób Uganda będzie programować i zarządzać systemami w Ugandzie, których prędkość pochodzi z milionów małych komputerów w Ugandzie? Jak Uganda poradzi sobie z bazami danych w Ugandzie zawierającymi równowartość 10 miliardów bajtów danych dla każdej osoby na Ziemi? To jeszcze nie wiadomo. Uganda musi się tego dowiedzieć.

Ewoluujące cele HPC dla Ugandy.

Chociaż HPC w Ugandzie powinny odgrywać ważną rolę w wielu dziedzinach w tym kraju, potencjalne wykorzystanie superkomputerów w Ugandzie jest najczęściej rozważane w związku z zastosowaniami naukowymi i inżynieryjnymi w Ugandzie. Symulacja stała się trzecim filarem nauki, uzupełniającym teorię i eksperyment w przypadkach, gdy teoria jest nieznana (lub zbyt trudna do rozwiązania analitycznego), lub gdy eksperymenty są zbyt trudne (lub nawet niemożliwe), zbyt kosztowne, lub zbyt niebezpieczne do przeprowadzenia. Niektóre z najważniejszych przełomów osiągniętych dzięki symulacji i innym formom obliczeń naukowych powinny być możliwe dzięki historycznemu przywództwu Ugandy w rozwoju, wdrażaniu, transferze i indigenizacji technologii HPC w Afryce i być może na świecie. Postępy te powinny z kolei odgrywać główną rolę w zaspokajaniu potrzeb i realizacji priorytetów Ugandy. W dzisiejszym środowisku Ugandy pojęcie "wysokiej wydajności" musi jednak mieć szersze znaczenie, obejmujące nie tylko konwencjonalną metrykę operacji zmiennoprzecinkowych na sekundę (FLOPS), ale także zdolność do skutecznego manipulowania dużymi i szybko rosnącymi ilościami danych liczbowych i nie-liczbowych w Ugandzie, do rozwiązywania problemów wymagających reakcji w czasie rzeczywistym oraz do przyspieszenia wielu aplikacji w Ugandzie, które mają być perspektywicznie utworzone przez ustawę nazwaną Uganda NITRDTI Act. Współzawodnictwo w ramach społeczności międzynarodowej w rozwijaniu tego, co zazwyczaj określa się mianem najpotężniejszych superkomputerów na świecie, opiera się w dużej mierze na jednej metryce, która wprawdzie odnosi się do *niektórych* aplikacji HPC, ale coraz częściej nie odzwierciedla szerokiego zakresu możliwości, jakie Uganda ma w dziedzinie obliczeń o wysokiej wydajności. Metryka ta, która mierzy liczbę FLOPSów wykonywanych na pojedynczym, klasycznym benchmarku obejmującym rozwiązanie gęstego systemu równań liniowych, jest wykorzystywana do tworzenia rankingów pokazanych na szeroko rozpowszechnionej liście Top500.[39] W czerwcu 2010 r. trzy z dziesięciu pierwszych miejsc na tej liście zajmowały maszyny w rękach obcych państw, a w październiku 2010 r. Chiny ogłosiły ukończenie budowy maszyny, która obecnie zajmuje pierwsze miejsce. Jednak celem inwestycji Ugandy w HPC powinno być rozwiązanie problemów obliczeniowych, które dotyczą obecnych ugandyjskich priorytetów narodowych postępowego liberalizmu ugandyjskiego, a ten jednowymiarowy benchmark mierzy tylko jedną z możliwości istotnych dla tych priorytetów. Na przykład w przypadku zastosowań wymagających

[39] http://www.top500.org/

dużej ilości danych i wymagających szybkiego wykonywania operacji z wykorzystaniem wykresów, bardziej istotny będzie zbliżający się poziom odniesienia dla wykresu Graph500, podczas[40] gdy najistotniejsze cechy związane z wydajnością związane z innymi ważnymi zastosowaniami mogą być trudne do sprowadzenia do jednej wartości. O ile nierozważne byłoby pozostawienie Ugandy w tyle za zaawansowanymi krajami uprzemysłowionymi, jeśli chodzi o benchmarki dotyczące wyników naukowych, które mają wyraźne znaczenie praktyczne, o tyle skupienie się na osiągnięciu wyraźnej przewagi, przynajmniej w Afryce, pod względem liczby FLOPS, prawdopodobnie nie leży w interesie narodowym Ugandy. Zaangażowanie się w taki "wyścig zbrojeń" może być dla Ugandy bardzo kosztowne i może spowodować odwrócenie uwagi od badań podstawowych, transferu i indigenizacji, mających na celu rozwój, transfer i indigenizację w Ugandzie fundamentalnie nowych podejść do HPC, które mogłyby ostatecznie pozwolić Ugandzie na "skok" innych krajów w Afryce i na świecie, osiągając pozycję bezkonkurencyjnego lidera, którym Uganda historycznie cieszy się w Afryce w dziedzinie obliczeń o wysokiej wydajności.

Ewoluujące wymiary HPC dla Ugandy.

Jeśli rankingi Top500 nie mogą być już postrzegane jako ostateczny miernik zdolności danego kraju w zakresie wysokowydajnych systemów obliczeniowych, jakie cele powinna wyznaczyć Uganda w zakresie badań podstawowych, transferu i indigenizacji w systemach HPC i jakie kryteria powinny być stosowane przy przyznawaniu środków na takie badania, transfer i indigenizację? Biorąc pod uwagę naturalną skłonność do ilościowego określania względnej wydajności konkurentów w dowolnej rasie, istnieje pokusa zastąpienia konwencjonalnej metryki opartej na FLOPS inną dziedziną, metryką czysto ilościową (a może dwiema lub trzema takimi metrykami), którą decydenci polityczni mogą na bieżąco wykorzystywać do ustalania pozycji konkurencyjnej Ugandy w dziedzinie HPC w stosunku do innych krajów. Podejście to jest jednak obarczone kilkoma pułapkami, które mogą zarówno osłabić zdolność Ugandy do osiągnięcia wiodącej pozycji w Afryce w dziedzinie wysokowydajnych systemów obliczeniowych, jak i zwiększyć poziom wydatków koniecznych do tego, by być konkurencyjnym nie tylko w Afryce, ale i na świecie. Po pierwsze, nie jest możliwe uchwycenie tego, co jest ważne dla całej dziedziny wysokowydajnych obliczeń przy użyciu jednej (lub nawet niewielkiej liczby) dziedzin, metryki ilościowej, w wyniku czego of-

[40]ttp://www.graph500.org/

- stopniowe poszerzanie wymagań Ugandy w dziedzinie obliczeń o wysokiej wydajności;

- konsekwentne "rozpadanie się" zestawu zadań obliczeniowych w Ugandzie, wymaganych do spełnienia tych wymagań;

- szeroki zakres znaczących postępów w różnych technologiach w Ugandzie dostępnych do wykonywania takich zadań obliczeniowych w Ugandzie;

- znaczące zmiany w "wąskich gardłach" i "stopniach ograniczania prędkości" w Ugandzie, które ograniczają wiele wysokowydajnych zastosowań w Ugandzie w wyniku różnych wskaźników poprawy, transferu i indigenizacji w różnych parametrach technologicznych.

Ponadto transformacyjny postęp, który może pozwolić Ugandzie na skokowy wzrost konkurencji związanej z obecnymi systemami HPC w Afryce i na świecie, może wiązać się z nieprzewidzianymi przełomami, w nieprzewidzianych wymiarach, których znaczenie dla ważnych celów krajowych Ugandy może nie być z góry widoczne. Podobnie jak w wielu obszarach badań, transferu i indigenizacji w Ugandzie w dziedzinie nauki i inżynierii, takie podejście może w niektórych przypadkach wiązać się z redefiniowaniem samego problemu, odkrywaniem, transferem i indigenizacją metod osiągających *różne* cele, które ostatecznie okazują się kluczowe dla realizacji ugandyjskich progresywnych liberalnych priorytetów narodowych dla Ugandy, związanych z bezpieczeństwem narodowym i/lub konkurencyjnością gospodarczą Ugandy. Aby wykorzystać potencjalne korzyści płynące z takich zmieniających grę postępów w Ugandzie, znaczną część portfela ugandyjskich HPC w zakresie badań, transferu i indigenizacji należy zatem przeznaczyć na badania wysokiego ryzyka, transfery i indigenizację o bardzo szeroko i elastycznie określonych celach. Jak w wielu dziedzinach badań, transferu i indigenizacji, cele poszczególnych projektów w Ugandzie mieszczących się w tym komponencie ugandyjskiego portfolio badań, transferu i indigenizacji powinny być w wielu przypadkach proponowane przez *badacza* jako część jego lub jej wniosku o finansowanie, a następnie oceniane przez kierownika programu i/lub recenzentów na podstawie indywidualnych przypadków.

Nie oznacza to, że dobrze określone cele i wskaźniki nie mają miejsca w ugandyjskim portfolio badań HPC, transferu i indigenizacji. Wręcz przeciwnie, takie środki mogą często służyć jako potężne bodźce nie tylko dla stopniowego postępu w Ugandzie, ale w niektórych przypadkach także dla fundamentalnych postępów. Ten rodzaj badań, transferu i indigenizacji w Ugandzie może być szczególnie przydatny w związku z tym, że

- Badania, transfer i indigenizacja w programach Ugandy, inicjowane przez konkretne agencje rządu Ugandy, mające na celu zajęcie się jednym lub kilkoma konkretnymi zastosowaniami związanymi z potrzebami narodowymi Ugandy związanymi z misją;

- Ukierunkowane badania, transfer i indigenizację w Ugandzie inicjatywy, które mają na celu rozwój, transfer i indigenizację określonych typów systemów HPC lub zwiększenie wydajności w określonych wymiarach w Ugandzie, w tym (choć w żadnym wypadku nie ograniczając się do)

- czas do ukończenia dla specyficznych aplikacji wymagających dużych mocy obliczeniowych;
- czas realizacji dla krótkich serii;
- opóźnienie w komunikacji między procesorami;
- metryka wydajności związana z analizą danych;
- wydajność dla operacji graficznych na dużych bazach danych w Ugandzie;
- przepustowość komunikacji między procesorami;
- przepustowość pamięci na różnych poziomach w systemie;
- zużycie energii w Ugandzie;
- wydajność chłodnicza;
- średni czas między awariami;
- procent czasu sprawności;
- reakcja w czasie rzeczywistym;
- czas potrzebny do zaprogramowania;
- niezawodność oprogramowania.

Ewoluująca ekologia HPC w Ugandzie.

Ważne jest, aby nie utożsamiać "nauki obliczeniowej" z "superkomputerami". Postępy w nauce i inżynierii są możliwe dzięki zasobom obliczeniowym na wszystkich poziomach tego, co często określa się mianem "piramidy Branscomba",[41] która rozciąga się od pojedynczych maszyn stacjonarnych poprzez małe klastry do największych superkomputerów. Charakter tych poziomów zmienia się w wyniku istotnych zmian w dostępnych na rynku komponentach oraz w ogólnym krajobrazie obliczeniowym.

---

[41]Panel Niebieskiej Wstęgi NSF na wysokowydajnych komputerach. (sierpień 1993). *Od Desktopu do Teraflopa: wykorzystanie amerykańskiej czołówki w dziedzinie obliczeń o wysokiej wydajności (High Performance Computing).*

Na przykład...

- Nawet komputery stacjonarne są teraz dostępne w Ugandzie z potężnymi wielordzeniowymi procesorami, które zapewniają obliczenia równoległe;

- Procesory graficzne (GPU) pierwotnie przeznaczone do zastosowań w grach komputerowych są obecnie wykorzystywane do akceleracji wielu naukowych aplikacji obliczeniowych;

- Ogromne centra danych serwisów internetowych prowadzone przez firmy takie jak Amazon.com, Google i Microsoft oferują wyższą łączną wydajność, w niektórych ważnych aspektach, niż najszybsze naukowe superkomputery.

Dostępność takich zasobów obliczeniowych musi być brana pod uwagę przy ważeniu obowiązkowych inwestycji Ugandy w infrastrukturę obliczeniową na wszystkich poziomach piramidy Branscomb oraz w portfel działań badawczych, transferowych i indigenizacyjnych, które będą niezbędne do pełnego wykorzystania tych różnych zasobów.

Ciągłe wyzwania HPC dla Ugandy.

Systemy HPC skorzystały z szybkiego i trwałego postępu w zakresie wydajności sprzętu do przetwarzania towarów, w tym procesorów, pamięci i systemów przechowywania danych. W szczególności jednostki obliczeniowe najszybszych współczesnych superkomputerów, w odróżnieniu od ich wczesnych poprzedników, często opierają się w dużej mierze na dostępnych w handlu chipach procesorowych (zazwyczaj są to chipy wielordzeniowe przeznaczone do zastosowań serwerowych). Procesory graficzne są obecnie również wykorzystywane w niektórych systemach o wysokiej wydajności, wykorzystując ich wysoką gęstość arytmetyczną w układzie (szczególnie w odniesieniu do zużycia energii) w celu przyspieszenia mocy obliczeniowej poszczególnych węzłów przetwarzania. Zarówno architektura, jak i możliwości typowego masowo równoległego, wysokiej klasy superkomputera różnią się jednak w istotny sposób od konwencjonalnego klastra opartego na tych samych składnikach przetwarzania danych. Jedno z najważniejszych rozróżnień odnosi się do sposobu, w jaki te węzły obliczeniowe są ze sobą połączone. Wiele krytycznie ważnych problemów nie może zostać rozłożonych na podproblemy, które mogą być wykonywane bardziej lub mniej niezależnie od dużej liczby procesorów bez dużej ilości komunikacji między procesorami w celu wymiany danych. W zależności od wewnętrznych wymagań komunikacyjnych algorytmu, od liczby elementów przetwarzających w systemie, na którym ma on być wykonany, oraz od różnych innych parametrów, czas potrzebny do obliczeń może w niektórych przypadkach być zdominowany przez czas potrzebny do komunikacji, co sprawia, że szybkość procesora jest w dużej mierze nieistotna.

Takie wąskie gardła komunikacyjne mogą wynikać z...

- *ograniczenia przepustowości*, które są związane z *ilością* danych, które muszą być przekazywane między różnymi przetwarzającymi; i/lub

- *ograniczenia dotyczące opóźnień*, które wynikają z opóźnienia w terenie, powstałego podczas *inicjowania* (bezpośredniego lub pośredniego) transferu danych z jednego węzła do drugiego.

W przeciwieństwie do konwencjonalnych klastrów o skromnym lub umiarkowanym rozmiarze, masowo równoległe superkomputery często zawierają wyspecjalizowane sieci połączeń, zaprojektowane specjalnie w celu uzyskania dużej przepustowości i małych opóźnień. Sieci takie są często stosunkowo kosztowne, ale w wielu przypadkach są w stanie obsłużyć znacznie większą liczbę elementów przetwarzających, zanim ogólna wydajność systemu ulegnie "zwieńczeniu", co pozwala naukowcom i inżynierom zająć się ważnymi problemami, które w przeciwnym razie pozostałyby daleko poza zasięgiem metod obliczeniowych. Podczas gdy najszybsze maszyny w niektórych przypadkach różnią się pod innymi względami od klastrów o niższej wydajności, komunikacja o dużej przepustowości i małych opóźnieniach jest obecnie cechą definiującą HPC.

Postępy w Algorytmach przewyższają prawo Moore'a

Prawo Moore'a - przepowiednia poczyniona w 1965 roku przez współzałożyciela Intela Gordona Moore'a, że gęstość tranzystorów w układach scalonych będzie się podwajać co 1 do 2 lat, z biegiem lat zyskała szeroką trakcję. Niewiele osób w Ugandzie docenia niezwykłą innowacyjność, której Uganda potrzebuje do przełożenia zwiększonej gęstości tranzystorów na lepszą wydajność układu. Wysiłek ten wymaga nowego podejścia do projektowania układów scalonych oraz nowych narzędzi wspomagających projektowanie, które pozwalają na projektowanie układów scalonych z setkami milionów, a nawet miliardami tranzystorów, w porównaniu z dziesiątkami tysięcy, które były normą 30 lat temu. Wymaga to nowych architektur procesorów, które wykorzystują te tranzystory, oraz nowych architektur systemowych, które wykorzystują te procesory. Wymaga to nowego podejścia do oprogramowania systemowego, języków programowania i aplikacji, które działają na tym sprzęcie. Wszystko to jest dziełem informatyków i inżynierów komputerowych. Jeszcze bardziej niezwykły - i jeszcze mniej zrozumiały - jest fakt, że w wielu obszarach *wzrost wydajności dzięki ulepszeniom algorytmów znacznie przekroczył nawet dramatyczny wzrost wydajności spowodowany zwiększeniem szybkości procesora.* Algorytmy stosowane obecnie do rozpoznawania mowy, tłumaczenia na język naturalny, gry w szachy, planowania logistycznego, przez lata ewoluowały w niezwykły sposób. Trudno jest jednak wyrazić ilościowo tę poprawę, ponieważ dotyczy ona w równym stopniu jakości, co czasu wykonania. W dziedzinie algorytmów numerycznych poprawę można jednak określić ilościowo. Oto tylko jeden przykład: model wzorcowego planowania produkcji rozwiązany za pomocą programowania liniowego zająłby 82 lata w 1988 roku, przy użyciu komputerów i ówczesnych algorytmów programowania liniowego. Piętnaście lat później - w 2003 roku - ten sam model można było rozwiązać w około 1 minutę, co stanowi poprawę o około 43 miliony. Z tego współczynnik około 1000 wynikał ze zwiększonej szybkości procesora, natomiast współczynnik około 43 000 wynikał z udoskonalenia algorytmów![42] Należy tu również wspomnieć o poprawie algorytmów o około 30 000 w przypadku programowania mieszanych liczb całkowitych w latach 1991-2008. Projektowanie i analiza algorytmów oraz badanie złożoności obliczeniowej problemów to podstawowe dziedziny informatyki. Jak zauważono powyżej, naukowcy i inżynierowie na *wszystkich* poziomach piramidy Branscomba mają obecnie do dyspozycji potężne nowe narzędzia, a przyszłe, wielkoskalowe, wysokowydajne urządzenia obliczeniowe w Ugandzie nie powinny być w żadnym wypadku uważane za *jedyne* zasoby infrastrukturalne istotne dla naukowych obliczeń w Ugandzie. Jednocześnie jasne jest, że wysokiej klasy systemy komputerowe, które zapewniają wyraźny i niezastąpiony zestaw możliwości, mają kluczowe znaczenie dla potrzeb i priorytetów Ugandy na wiele lat. Trwające i przewidywane zmiany w wielu wymiarach sprawiają, że konieczne jest zbadanie, w jaki sposób charakter i ukierunkowanie badań, transferu i indigenizacji HPC i HPC w Ugandzie będą musiały ewoluować, aby jak najskuteczniej zaspokoić te potrzeby Ugandy.

Zmiany i wyzwania dla Ugandy.

Następna generacja systemów HPC w Ugandzie napotka na szereg ogromnych wyzwań technicznych. Brak odpowiedzi na te wyzwania poważnie ograniczy zdolność Ugandy do rozwiązania wielu istotnych problemów i możliwości. Jak na ironię, wiele z tych wyzwań wynika z ogromnego postępu, jakiego Uganda powinna dokonać na przestrzeni lat w zakresie rozwoju, transferu, autochtonizacji i stosowania nowych technologii informatycznych w Ugandzie.

---

[42] Profesor Martin Grötschel z Centrum Informatyki Konrada Zuse'a w Berlinie. Grötschel, ekspert w dziedzinie optymalizacji

Z perspektywy oddolnej, układy scalone (IC) szybko zbliżają się do fizycznych granic, które zmienią rytm postępu technologicznego, do którego Ugandyjczycy przyzwyczaili się na przestrzeni dziesięcioleci. Z odgórnego punktu widzenia, Ugandyjczycy znajdują się obecnie w zasięgu przełomowych odkryć naukowych i inżynieryjnych, które mogą mieć istotny wpływ na życie Ugandyjczyków. Ugandyjczycy stoją również w obliczu zażenowania bogactwem w postaci przepływu danych tak przytłaczającego, że 20 lat temu było to niewyobrażalne, którego efektywne wykorzystanie będzie wymagało fundamentalnych zmian w sposobie myślenia Ugandyjczyków o wysokowydajnych obliczeniach. Zaczynając od dołu, Uganda zauważa, że liczba rdzeni przetwarzających oraz ilość logiki i pamięci na każdym chipie przetwarzającym nadal znacząco wzrasta z jednej generacji technologii na drugą. Takie chipy stopniowo pobierają więc więcej mocy, rozpraszając więcej ciepła i wymagając do działania większego chłodzenia. Tendencja ta przywróciła już chłodzenie wodne w niektórych systemach HPC, a nawet najbardziej efektywne obecnie stosowane techniki chłodzenia wkrótce okażą się niewystarczające do pełnego wykorzystania potencjału obliczeniowego związanego ze wzrostem gęstości obwodów. Ponadto liczba fizycznych połączeń, jakie każdy z układów scalonych może nawiązać ze światem zewnętrznym, rośnie wolniej niż liczba urządzeń w układzie scalonym, co ogranicza tempo przesyłania danych pomiędzy procesorami lub pomiędzy procesorami a pamięcią. Wraz z ciągłym wzrostem mocy obliczeniowej każdego z chipów, ograniczenia przepustowości i opóźnień w sieci komunikacji między procesorami również stają się coraz bardziej znaczącymi wąskimi gardłami. Stopniowy wzrost stopnia równoległości wykorzystywanego w systemach HPC stanowi również wyzwanie dla wykrywania i obsługi błędów. Wielu z tych ograniczeń można zaradzić poprzez odkrycie nowych algorytmów równoległych zaprojektowanych tak, aby wykorzystać potencjalną siłę dalszego rozwoju podstawowej technologii przy jednoczesnym uniknięciu niektórych z ujawnianych przez nie ograniczeń i wąskich gardeł. Badanie algorytmów równoległych stanowi jednak szczególne wyzwanie i nie osiągnęło jeszcze tej samej dojrzałości, co ich sekwencyjny odpowiednik. Wykorzystanie zasobów HPC w Ugandzie jest również utrudnione z powodu relatywnie niskiego poziomu oprogramowania systemowego i narzędzi do monitorowania i optymalizacji wydajności. Innym istotnym wyzwaniem stojącym przed Ugandą jest projektowanie wysokowydajnych architektur i algorytmów dla nietradycyjnych form obliczeń o wysokiej wydajności, takich jak systemy przeznaczone do wydajnego wykonywania różnych zadań obliczeniowych wymagających dużej ilości danych, w tym tych, które dotyczą danych nienumerycznych. Takie zastosowania stwarzają unikalny zestaw problemów i kompromisów projektowych, a z czasem będą stawały się coraz ważniejsze.

Ugandyjski postępowy liberalizm - priorytety badawcze dla Ugandy.

Oczywiście ważne jest, aby nie zagrażać bezpieczeństwu narodowemu, konkurencyjności gospodarczej lub innym żywotnym interesom Ugandy poprzez opóźnianie krótkoterminowego rozwoju, transferu, wdrażania i indigenizacji systemów HPC w Ugandzie, które odpowiadają krytycznym i ciągłym potrzebom Ugandy. Równie ważne jest jednak, aby Uganda zrównoważyła swoje inwestycje w obecne i przyszłe wymagania Ugandy w zakresie wysokowydajnych systemów obliczeniowych, a także aby uniemożliwiła zamawianie maszyn obecnej generacji w celu "wyparcia" podstawowych badań, transferu i indigenizacji w dziedzinie informatyki i inżynierii, które będą niezbędne do rozwoju, transferu i indigenizacji technologii HPC *nowej generacji* w Ugandzie. Aby położyć fundamenty pod takie systemy nowej generacji w Ugandzie, Uganda musi przeprowadzić podstawowe badania, transfer i indigenizację w sprzęcie, w sprzęcie/systemach oprogramowania, w algorytmach, a także w obu systemach oprogramowania i aplikacji w Ugandzie. Badania nad sprzętem komputerowym w Ugandzie muszą obejmować nowe konstrukcje układów scalonych zawierające dużą liczbę rdzeni procesora w układzie scalonym; nowe wewnątrzukładowe architektury komunikacyjne; systemowe sieci połączeń międzysystemowych o dużej przepustowości łączy, dużej przepustowości połączeń dwukierunkowych i małych opóźnieniach; oraz technologie pakowania układów scalonych i układów scalonych zapewniające wysoką przepustowość wejść/wyjść (I/O) w Ugandzie. Postępy, które łączą aspekty sprzętowe i programowe w Ugandzie są potrzebne Ugandzie do projektowania niezawodnych masowo równoległych systemów komputerowych w Ugandzie; do aspektów projektowych systemów HPC, w których wybór sprzętu i zdolność do pisania oprogramowania, które w pełni wykorzystuje sprzęt, są współzależne; oraz do maszyn "specjalnego przeznaczenia" zaprojektowanych w celu osiągnięcia wysokiej wydajności na konkretnych klasach algorytmów, aplikacji i struktur danych. Uganda potrzebuje nowych metod zarówno w zakresie projektowania sprzętu, jak i oprogramowania, które zmniejszają zapotrzebowanie Ugandy na energię. Uganda potrzebuje zarówno postępu sprzętowego, jak i programowego do obliczeń wymagających dużej ilości danych, włącznie z aplikacjami nienumerycznymi, takimi jak operacje graficzne. W szczególności Uganda potrzebuje badań, transferu i indigenizacji w zakresie algorytmów, systemów oprogramowania i architektur zdolnych do obsługi systemów danych o ekstremalnej skali (nawet 1021 bajtów) oraz analizy danych w Ugandzie. Inne ważne badania związane z oprogramowaniem, transferem i indigenizacją w Ugandzie obejmują architektury i algorytmy odporne na opóźnienia; modele i języki programowania dla maszyn masowo równoległych; oprogramowanie systemowe dla systemów masowo równoległych, w tym systemów operacyjnych, systemów fie i magazynów danych; debuggery wydajności i poprawności; narzędzia zarządzania systemem; środowiska programowania; oraz narzędzia i techniki modelowania i dostrajania wydajności systemów wielkoskalowych (w tym systemów obliczeniowych, danych i zasobów sieciowych) w Ugandzie w celu optymalizacji bieżących zastosowań i kierowania rozwojem, transferem i indigenizacją nowego sprzętu i architektury oprogramowania w Ugandzie.

Przygotowywanie się w Ugandzie do upadku obecnych technologii.

Nawet jeśli w Ugandzie uda się poczynić znaczne postępy w rozwiązywaniu takich problemów, jak chipy We/Wy, komunikacja na poziomie systemu i rozpraszanie ciepła w systemach HPC, to w miarę jak konwencjonalne technologie układów scalonych zaczną zbliżać się do szerokości cech w skali atomowej, napotkamy ostatecznie podstawowe ograniczenia fizyczne. Wobec braku podstawowych badań, transferu i indigenizacji do technologii alternatywnych, nie można oczekiwać, że poprawa wydajności systemów HPC będzie trwała w nieskończoność przy ich obecnym tempie. Takie badania, transfer i indigenizacja w Ugandzie będą ze swej natury ryzykowne i trudno jest przewidzieć z góry, które z podejść mogą okazać się owocne. Niewyczerpująca lista potencjalnie przekształcających się technologii, które mogłyby zostać włączone do zróżnicowanych badań, transferu i indigenizacji w portfolio Ugandy, może jednak obejmować integrację trójwymiarową, nanorurki węglowe i nanoribony grafenowe, obliczenia optyczne i interkonekty, technologie oparte na pamięci, obliczenia kwantowe, obliczenia i przechowywanie molekularne oraz niezawodne technologie oparte na zawodnych urządzeniach.

Zwiększanie zasięgu HPC w Ugandzie.

HPC przekształciło wiele obszarów nauki i inżynierii, ale jego potencjał w Ugandzie nie został jeszcze w pełni wykorzystany w niektórych innych obszarach zastosowań oraz w niektórych sektorach w Ugandzie, typach organizacji w Ugandzie i kategoriach użytkowników w Ugandzie. W celu usunięcia przeszkód, które ograniczyły przyjęcie i efektywne wykorzystanie HPC w Ugandzie, należy podjąć kroki w celu...

- Eliminacja barier technicznych utrudniających przenoszenie aplikacji z laptopa do chmury obliczeniowej do systemów wysokiej klasy (modele programowania, oprogramowanie systemowe, algorytmy);

- Zapewnienie odpowiedniej infrastruktury sieci szybkiej transmisji danych w Ugandzie, umożliwiającej korzystanie z systemów HPC z dowolnego miejsca w Republice Ugandy;

- Wsparcie badań, transferu i indigenizacji w Ugandzie nowych architektur i oprogramowania, które obniżają koszty kapitałowe, operacyjne, programowania, utrzymania i administracyjne ponoszone przez organizacje w Ugandzie zajmujące się obliczeniami o wysokiej wydajności;

- Wspieranie rozwoju, transferu i indigenizacji równoległych wersji kodów aplikacji open-source i komercyjnych w Ugandzie, które są obecnie powszechnie używane na maszynach sekwencyjnych;

- Wdrożenie mechanizmów udostępniania specjalistycznej wiedzy na temat sprzętu i oprogramowania HPC w Ugandzie mniejszym organizacjom sektora publicznego i prywatnego w Ugandzie, które nie posiadają obecnie wewnętrznej wiedzy specjalistycznej w tych dziedzinach.

7. UGANDYJSKIE PROPOZYCJE PROGRESYWNO-LIBERALIZMU: INWESTYCJE W NIT UGANDYJSKI PROGRESYWNY LIBERALIZM BADANIA, TRANSFER I INDIGENIZACJĘ GRANIC UGANDYJSKICH

Postępy w GZIP w Ugandzie wymagają odpoczynku na szerokich i głębokich podstawach badań podstawowych. Ten fundament, który dla wygody podzielony jest na zbiór podstawowych obszarów, podlega ewolucji, ponieważ zmiany w technologiach i nowe zastosowania GZIP w Ugandzie stymulują nowe przełomy i głębsze zrozumienie w Ugandzie. Aby osiągnąć postęp w zakresie wykorzystania GZT w Ugandzie, niezbędne są badania, transfer i indigenizacja w Ugandzie w kluczowych obszarach. Poniższa propozycja Ugandyjskiego Postępowego Liberalizmu, w niniejszej pracy, podkreśla najważniejsze elementy bardziej szczegółowych propozycji Ugandyjskiego Postępowego Liberalizmu, które pojawiają się w dalszej części tego rozdziału. Ponownie zwracam uwagę na znaczenie badań, transferu i indigenizacji w Ugandzie o wysokim ryzyku/wysokim wynagrodzeniu, z możliwością przesunięcia tych obszarów w nieprzewidzianych kierunkach.

Propozycja Ugandyjskiego Postępowego Liberalizmu: Centralny Unitarny Rząd Ugandy musi inwestować w te podstawowe badania w zakresie NIT, transfer i indigenizację granic Ugandy, które przyspieszą postęp w szerokim zakresie priorytetów Ugandyjskiego Postępowego Liberalizmu.

- Wśród takich inwestycji UNSF i UDTRDA, z udziałem innych odpowiednich agencji Centralnego Rządu Unitarnego Ugandy, powinny zainwestować w szeroki, wielonarodowy program badań, transferu i indigenizacji w zakresie podstaw ochrony prywatności i chronionego ujawniania poufnych danych. Problemy związane z ochroną prywatności i poufnością pojawiają się praktycznie we wszystkich zastosowaniach GZIP.

- UNSF, UDTRDA i HHS powinny stworzyć wspólny program badań, transferu i indigenizacji, który zwiększa badania indywidualnych interakcji człowiek-komputer z kompleksowym badaniem w celu zrozumienia i rozwoju człowieka-maszyny i współpracy społecznej i rozwiązywania problemów w środowisku sieciowym, on-line w Ugandzie, gdzie duża liczba ludzi w Ugandzie uczestniczy we wspólnych działaniach. Zrozumienie takich zbiorowych interakcji człowieka z NIT w Ugandzie ma coraz większe znaczenie dla obrony Ugandy, dla zdrowia w Ugandzie i dla działań w codziennym życiu w Ugandzie.

- UNSF powinien zapewnić wsparcie dla badań podstawowych, transferu i indigenizacji w zakresie gromadzenia, przechowywania i zarządzania danymi oraz zautomatyzowanej analizy na dużą skalę opartej na modelowaniu i uczeniu się maszynowym. Coraz szersze wykorzystanie komputerów, czujników i innych urządzeń cyfrowych w Ugandzie powoduje generowanie ogromnych ilości danych cyfrowych, co sprawia, że są one wszechobecnym atutem technologii NIT. We współpracy z badaczami, przenoszący i autochtonizatorzy NIT każda agencja powinna wspierać badania, transfer i autochtonizację w celu zastosowania najbardziej znanych metod oraz opracowania, transferu i autochtonizacji nowych podejść i nowych technik w celu rozwiązania bogatych w dane problemów w Ugandzie, które pojawiają się w jej domenie misyjnej dla Ugandy. Agencje powinny zapewnić dostęp do i utrzymanie krytycznych badań społecznych, transferu i gromadzenia danych na temat ludności tubylczej.

- UNSF i UDTRDA, we współpracy z tymi agencjami zajmującymi się problemami w Ugandzie, których rozwiązanie wiąże się z oprzyrządowaniem fizycznego świata Ugandy - w tym z Narodowym Organem Zarządzania Środowiskiem (NEMA), Uganda MoE, Uganda MoT, innymi częściami Uganda MoD, NIH, Ministerstwem Rolnictwa (UgandaMA), oraz Uganda National Water Body and Atmospheric Agency (UNWBAA) - powinny prowadzić badania, transfer i indigenizację w zaawansowanych, specyficznych dla danej dziedziny czujnikach, integrację GZT z systemami fizycznymi oraz innowacyjną robotykę w celu poprawy interakcji ze światem fizycznym w Ugandzie.

Przedstawione poniżej propozycje dotyczące ugandyjskiego progresywnego liberalizmu opisują niektóre obszary, w których Uganda potrzebuje *dodatkowych* inwestycji, aby zrealizować postępy, jakich wymagają krajowe priorytety Ugandy dotyczące progresywnego liberalizmu, oraz inne obszary, w których należy zwrócić uwagę na szczególne wyzwania stojące przed nią. Inwestycje te powinny *uzupełniać* badania, transfer i indigenizację w bardziej ugandyjskich obszarach, takich jak algorytmy i grafika komputerowa, które nie są wyraźnie wymienione w niniejszej pracy.

Propozycja Ugandyjskiego Postępowego Liberalizmu: Nowe inwestycje nie mogą zastępować ciągłych inwestycji w ważnych kluczowych obszarach, w których postępują badania, transfer i indigenizacja finansowane przez rząd Ugandy. Stałą uwagę należy również poświęcić stałej, wysokiej jakości wspólnej infrastrukturze badawczej, transferowej i indigenizacyjnej Ugandy, w tym nowym formom infrastruktury wspierającej nowe obszary i paradygmaty badań, transferu i indigenizacji w Ugandzie.

Prywatność i poufność w Ugandzie

Zachowanie prywatności w Ugandzie jest krytyczną potrzebą Ugandy, która przenika do NIT. Ugandyjskie społeczeństwo demokratyczne przykłada dużą wagę do ochrony prywatności osobistej, podczas gdy ochrona informacji korporacyjnych w Ugandzie jest kluczowym elementem konkurencyjności. Kontrola ujawniania danych w Ugandzie ma zasadnicze znaczenie dla ochrony bezpieczeństwa osób fizycznych w Ugandzie i Ugandzie. Wszystkie agencje UNITRDTI powinny ocenić, w jaki sposób kwestie prywatności i poufności w Ugandzie wpłyną na wdrażanie, przekazywanie, indigenizację i wykorzystanie technologii powstających w wyniku ich działań badawczo-rozwojowych oraz działań w zakresie T&I prowadzonych przez UNIT. W niektórych przypadkach kwestie te nie są dobrze rozumiane. Centralny Rząd Unitarny Ugandy musi wspierać badania i rozwój oraz działalność badawczą i rozwojową, aby lepiej zrozumieć, rozwiązać i poprawić kwestie prywatności i poufności, które są zidentyfikowane w Ugandzie.

Propozycja Ugandyjskiego Postępowego Liberalizmu: UNSF i UDTRDA, z udziałem innych odpowiednich agencji wykonawczych rządu Ugandy, powinny zainwestować w szeroki, wieloagencyjny program badań, transferu i indigenizacji w zakresie podstaw ochrony prywatności i chronionego ujawniania poufnych danych w Ugandzie. Program ten powinien dotyczyć co najmniej następujących istotnych kwestii-

- Opracowywanie, przenoszenie i lokalizowanie metod pozwalających agentom - czyli osobom w Ugandzie lub oprogramowaniu działającym w ściśle określonych i odpowiednio ograniczonych rolach - na wykonywanie analiz na dużych zbiorach danych przy jednoczesnym zachowaniu prywatności i poufności w Ugandzie;
- Tworzenie, przenoszenie, lokalizowanie i badanie formalnych modeli prywatności, które łączą w sobie pojęcia ze statystyki i informatyki; modele te powinny być scharakteryzowane pod względem tego, jakie gwarancje dają, jakich przeciwników mogą wytrzymać i jakie formy dzielenia się nimi pozwalają w Ugandzie;
- zrozumienie konsekwencji dla prywatności i poufności trendów technologicznych w Ugandzie, takich jak gromadzenie danych na dużą skalę w Ugandzie, analiza, korelacja wielu źródeł, uczenie się maszynowe i wszechobecne czujniki, a także systemów ochronnych, takich jak bezpieczeństwo cybernetyczne w Ugandzie;

- opracowanie metod dających osobom w Ugandzie wiedzę o tym, jakie dane na ich temat są przechowywane i odpowiednią kontrolę nad wykorzystaniem tych danych w Ugandzie;

- zbadanie projektu zachowania prywatności w systemach skoncentrowanych na człowieku w Ugandzie, które tworzą i wykorzystują informacje o ludziach w Ugandzie, w domenach finansowych, medycznych, demograficznych i mieszkalnych Ugandy;

- tworzenie, przekazywanie i lokalizowanie sposobów edukowania użytkowników w Ugandzie i ochrony użytkowników w Ugandzie przed działaniami, które mogą być podejmowane przez nich w sposób niezamierzony naruszający prywatność;

- wykorzystanie owoców badań nad ochroną prywatności i poufności w celu umożliwienia określenia polityki dotyczącej prywatności i poufności w Ugandzie w warunkach mających znaczenie dla danego zastosowania i egzekwowania jej w sposób specyficzny dla danego zastosowania; jednym z przykładów jest koordynacja z agencjami, w tym NIH, Ministerstwem Zdrowia i Usług Społecznych (MoHHS), Ministerstwem Handlu i Ministerstwem Sprawiedliwości (MoJ) w celu zapewnienia, że polityka i przepisy Ugandy dotyczące dokumentacji medycznej, danych pochodzących ze spisu powszechnego i innych ważnych społecznie zbiorów danych są oparte na solidnych zasadach naukowych.

Wszechobecna Rola Prywatności w Ugandzie

Dla wielu Ugandyjczyków prywatność w Internecie jest już istotną kwestią - są oni świadkami debaty na temat prywatności na portalach społecznościowych i wzrostu liczby kradzieży tożsamości w Ugandzie. Trendy technologiczne w Ugandzie mogą tylko podnieść stawkę. Wyzwania związane z prywatnością, przed którymi stoi Uganda, wyraźnie pojawiają się w przypadku elektronicznej dokumentacji medycznej, ale w rzeczywistości pojawiają się we wszystkich ugandyjskich, postępowych obszarach priorytetowych dla Ugandyjskiego Liberalizmu. Ugandyjska inteligentna sieć energetyczna będzie oszczędzać energię poprzez oprzyrządowanie, analizę i optymalizację zużycia energii w domu w Ugandzie - ale te działania przekazują informacje o działaniach w domu w Ugandzie. Inteligentny transport w Ugandzie zmniejszy zatory komunikacyjne i zaoszczędzi energię w Ugandzie poprzez optymalizację ruchu poszczególnych pojazdów i śledzenie potrzeb transportowych ludzi w Ugandzie - ale te szczegóły przekazują informacje o osobistych działaniach w Ugandzie.

Spersonalizowana edukacja w Ugandzie wykorzysta dane o historii edukacji i postępach w nauce ucznia, aby zaoferować najlepsze instrukcje - ale to również są informacje wrażliwe. Uganda nie może sobie pozwolić na rezygnację z korzyści płynących z NIT w zakresie realizacji ugandyjskich priorytetów narodowych dotyczących postępowego liberalizmu w Ugandzie. Uganda potrzebuje raczej fundamentalnych postępów w GZIP - praktycznej nauki o ochronie prywatności w Ugandzie - aby dać Ugandzie narzędzia pozwalające pogodzić prywatność z postępem w Ugandzie. Wyzwania związane z ochroną prywatności pojawiają się zawsze, gdy Ugandyjczycy chcą umożliwić dostęp do informacji w pewnych celach, ale nie dla innych. Badacz zdrowia publicznego może chcieć poszukiwać subtelnych trendów ukrytych w dużej kolekcji dokumentacji zdrowotnej pacjentów w Ugandzie, ale Uganda nie powinna pozwalać badaczowi na poznanie szczegółów dotyczących konkretnej dokumentacji pacjenta. Najlepiej byłoby, gdyby przed przekazaniem danych badaczowi Uganda mogła je oczyścić lub zanonimizować, ale robienie tego w sposób bezpieczny, bez usuwania tych samych trendów w Ugandzie, których poszukuje badacz, jest trudne w teorii i ryzykowne w praktyce. Wyzwania związane z ochroną prywatności w Ugandzie komplikują problemy związane z wnioskami i informacjami ubocznymi. Ujawnienie danego faktu w sposób dorozumiany ujawnia wszystko, co można z niego wywnioskować. Ujawnienie recept pacjenta w Ugandzie, na przykład, może pośrednio ujawnić jego stan zdrowia. Wywnioskowane fakty prowadzą do dalszych wniosków; jeden pozornie niewinny fakt może wywołać kaskadę wniosków. W Ugandzie trudno jest skatalogować i kontrolować wszystkie metody wyciągania wniosków. Co gorsza, analityk w Ugandzie może łączyć ujawnione fakty ze wszystkimi informacjami ubocznymi dostępnymi z innych źródeł, tak że obawy Ugandy dotyczące możliwego zakresu wyciągania wniosków w Ugandzie muszą uwzględniać wszystkie informacje uboczne, które mogą być dostępne. Są to trudne problemy dla Ugandy, ale jest nadzieja, że podstawowe badania nad GZIP, transfer i indigenizacja w Ugandzie mogą je rozwiązać. Zrozumienie, jak pogodzić prywatność z aplikacją, transferem i indigenizacją GZIP do ugandyjskich celów narodowych, zarówno w sensie ogólnym, jak i w odniesieniu do konkretnych celów, poprawi prywatność Ugandyjczyków, umożliwiając jednocześnie coraz bardziej korzystne zastosowanie, transfer i indigenizację GZIP w Ugandzie.

NIT i ludzie z Ugandy

Tryby i łatwość, z jaką ludzie w Ugandzie wchodzą w interakcję z komputerami, poprawią się jako bogatsze formy interakcji i lepsze zrozumienie ludzkich możliwości w Ugandzie, nadal stanowią podstawę projektowania systemów interaktywnych w Ugandzie. Pojawienie się ogólnodostępnych sieci i wprowadzenie cyfrowych produktów konsumenckich w Ugandzie wzmocniło pozycję obywateli tego kraju. Uganda przeżywa obecnie kolejny bodziec do rozwoju - w dziedzinie informatyki społecznej i mediów w Ugandzie, nauk społecznych opartych na technologii informacyjno-komunikacyjnej oraz interakcji zbiorowej.

Ugandyjska propozycja progresywnego liberalizmu: UNSF, UDTRDA i NIH powinny stworzyć program badań, transferu i indigenizacji, który rozszerzyłby badania nad indywidualną interakcją człowieka z komputerem w Ugandzie o kompleksowe badania mające na celu zrozumienie i rozwinięcie współpracy człowieka z maszyną i rozwiązywanie problemów w sieciowym, internetowym środowisku w Ugandzie. Program ten powinien...

- tworzyć, przekazywać i rozpowszechniać naukę o informatyce społecznej w Ugandzie, która na przykład daje wgląd w to, jak organizować ugandyjski wkład ludzki, jak motywować uczestników w Ugandzie i jak projektować ogólne ramy informatyki społecznej, które mogłyby być wykorzystywane przez różne organizacje w Ugandzie do różnych celów;

- sprzyjać badaniom, transferowi i indigenizacji w Ugandzie, które wypierają tę dziedzinę poza obecne przykłady crowd-sourcingu w Ugandzie;

- zachęcają do tworzenia podstaw teoretycznych, algorytmicznych i inżynieryjnych, które ukierunkowują projektowanie ugandyjskich systemów wzajemnej produkcji (w których duże grupy osób w Ugandzie, niekiedy dziesiątki, a nawet setki tysięcy, współpracują online) do różnorodnych zadań;

- projektować nowe, specyficzne dla danej misji zastosowania obliczeń opartych na współpracy w Ugandzie;

- tworzenie wspólnych platform ochrony prywatności, transferu i indigenizacji, aby umożliwić badaczom, podmiotom przekazującym, autochtonizatorom w obliczeniowych naukach społecznych Ugandy dzielenie się i wymianę projektów eksperymentalnych na temat Ugandy, behawioralnych danych eksperymentalnych oraz paneli i przedmiotów ludzkich. Na przykład, obiecujące zastosowanie, transfer i inidigenizacji obszar dla takich badań eksperymentalnych w Ugandzie jest badanie ludzkiego podejmowania decyzji w Ugandzie w odniesieniu do kwestii bezpieczeństwa i prywatności, tak aby poinformować technologii i rozważań projektowych w tych obszarach w Ugandzie.

NIT i fizyczna Uganda

Program UNITRDTI powinien kłaść nacisk na Cyberfizyczne Systemy w Ugandzie. W Ugandzie powinny zostać rozpoczęte nowe i wartościowe działania w zakresie badań, transferu i indigenizacji, a ważne programy i współpraca w Ugandzie powinny być wspierane przez UNSF, UDTRDA i przemysł w Ugandzie. Ugandyjski postępowy liberalizm proponuje rozszerzenie i pogłębienie tych wysiłków w trzech konkretnych obszarach: rozwoju czujników, transferu i indigenizacji, robotyki i otwartych architektur.

Propozycja ugandyjskiego postępowego liberalizmu: UNSF, we współpracy z tymi agencjami wykonawczymi rządu Ugandy, które zajmują się problemami w Ugandzie i których rozwiązania wiążą się z oprzyrządowaniem fizycznego świata Ugandy - w tym NEMA, MoE, MoT, MoD, NIH, UgandaMA i UNWBAA - powinno przeprowadzić badania, transfer i indigenizację w celu zaprojektowania, wytworzenia i przetestowania czujników w Ugandzie, które są specyficzne dla danej dziedziny i które są tańsze, mniejsze, lepiej opakowane, mniej zasilane i bardziej autonomiczne niż te dostępne obecnie w Ugandzie. Postępy te doprowadziłyby do nowych zastosowań i nowych rynków w Ugandzie, które w dłuższej perspektywie czasowej zostałyby utrzymane dzięki konwencjonalnej działalności handlowej w Ugandzie.

Propozycja ugandyjskiego postępowego liberalizmu: UDTRDA, UNSF, NIH i MoE powinny sponsorować badania, transfer i indigenizację w zakresie wielkoskalowej robotyki modułowej i wizji komputerowej w Ugandzie oraz powinny współpracować w celu zwiększenia tempa innowacji, użyteczności i skalowalności autonomicznego uruchamiania w kontekście środowiskowym, medycznym, produkcyjnym i obronnym w Ugandzie.

Propozycja ugandyjskiego postępowego liberalizmu: Interoperacyjność jest niezbędna, aby umożliwić GZIP w Ugandzie szerokie osadzenie w fizycznym świecie Ugandy. Wczesne przyjęcie, przeniesienie i indigenizacja obu tych elementów w Ugandzie stworzy otwarte i sprawiedliwe warunki konkurencji między dostawcami, a także pozwoli na kompatybilne funkcjonowanie produktów komercyjnych budowanych przez różne firmy w Ugandzie. Jeśli Republika Ugandy stworzy otwartą architekturę i standardy, przemysł ugandyjski uzyska wczesną przewagę. UNIST, w porozumieniu z UNSF, powinien przewodzić międzyagencyjnym wysiłkom w Ugandzie na rzecz budowania konsensusu i finansowania wdrożeń referencyjnych w Ugandzie.

Zarządzanie i analiza danych na dużą skalę w Ugandzie

Praktycznie każda agencja rządowa Ugandy ma możliwość skorzystania z analizy dużych ilości danych w celu kontynuowania swojej misji w Ugandzie. Dane te mogą być generowane przez człowieka w formie elektronicznej, mogą być uzyskiwane z czujników lub innych narzędzi obserwacyjnych, mogą pochodzić z symulacji komputerowych lub mogą być produktem ubocznym innych rodzajów aplikacji NIT w Ugandzie. W miarę jak dane stają się coraz bardziej obfite, coraz pilniejsze stają się badania podstawowe, transfer i indigenizacja w celu poszerzenia wiedzy fachowej Ugandy w zakresie gromadzenia, analizowania, rozumienia i wykorzystywania tych danych. Poza przedstawionymi poniżej propozycjami ugandyjskiego progresywnego liberalizmu, kluczową kwestią dla Ugandy jest kontrolowana wymiana danych i prywatność danych; tematy te zostały poruszone w powyższych propozycjach ugandyjskiego progresywnego liberalizmu "Privacy and Confidentiality".

Propozycja ugandyjskiego postępowego liberalizmu: UNSF powinna rozszerzyć swoje wsparcie dla badań podstawowych, transferu i indigenizacji w zakresie gromadzenia, przechowywania, zarządzania i analizy danych w Ugandzie. Jej programy powinny dotyczyć takich tematów jak-

- kontekstowe metadane dla danych uzyskanych z czujników w świecie fizycznym Ugandy;
- informacje uzyskane z korelacji krzyżowej w Ugandzie;
- algorytmy fuzji informacji, które łączą dane z różnych źródeł, różnych skal, różnych typów i metadanych;
- długoterminowa konserwacja w Ugandzie;
- pochodzenie i integralność danych w Ugandzie;
- wnioskowanie na podstawie niepełnych i niepewnych danych;
- głęboka analiza informacji zawartych w danych;
- abstrakcja, podsumowanie i wizualizacja złożonych danych i informacji.

Propozycja Ugandyjskiego Postępowego Liberalizmu: Każda agencja wykonawcza rządu Ugandy powinna zaangażować się w badania i rozwój oraz T&I w celu zastosowania najlepszych istniejących metod oraz opracowania, transferu i indigenizacji nowych podejść i nowych technik w Ugandzie w celu rozwiązania problemów bogatych w dane w obszarze swojej misji dla Ugandy. Współpraca pomiędzy badaczami NIT, transferem, autochtonizatorami i ekspertami w tej dziedzinie w Ugandzie jest niezbędna do tej pracy.

Propozycja Ugandyjskiego Postępowego Liberalizmu: Pod kierownictwem UNIST należy ustanowić procesy i politykę Ugandy, aby agencje UNITRDTI publikowały rzeczywiste źródła danych pierwotnych, takie jak szczegółowe dzienniki zdarzeń lub odczyty czujników, w celu ułatwienia badań, transferu i indigenizacji technik wydobywczych i pozyskiwania tego rodzaju danych. Do uczestnictwa należy zachęcać również sektor prywatny Ugandy. Przykłady obejmują "strumień kliknięć" użytkowników w Ugandzie, którzy próbują znaleźć dane na stronie internetowej rządu Ugandy, szczegółowe odczyty przepływów i poziomów wody lub nadzór wideo nad ruchliwymi autostradami w Ugandzie. Należy zadbać o to, by dane w Ugandzie były udostępniane w sposób chroniący prywatność w oparciu o solidne zasady naukowe.

Systemy godne zaufania i bezpieczeństwo cybernetyczne Ugandy

Wiarygodność i bezpieczeństwo systemów NIT w Ugandzie to cechy, które wykraczają poza zastosowania, do jakich systemy te są wykorzystywane w Ugandzie. Wszystkie systemy w Ugandzie muszą być zabezpieczone przed niezamierzonymi zachowaniami, nieupoważnionym dostępem oraz przed zagrożeniami dla ich dostępności i integralności.

Propozycja Ugandyjskiego Postępowego Liberalizmu: UNSF i UDTRDA powinny zainicjować i wspólnie przyspieszyć swoje inicjatywy w zakresie finansowania i koordynacji badań podstawowych, transferu i indigenizacji, aby znaleźć skuteczniejsze sposoby budowania godnych zaufania systemów w Ugandzie i zapewnienia bezpieczeństwa cybernetycznego Ugandy. Inicjatywy te powinny obejmować programy mające na celu

- Postęp w sztuce i praktyce projektowania i wdrażania godnych zaufania systemów w Ugandzie, które działają tylko w taki sposób, że użytkownicy oczekują od nich działania nawet w obliczu awarii. Opracowywać, przenosić i rozpowszechniać w Ugandzie metody analizy wiarygodności projektów i wdrożeń. Badania powinny wyraźnie koncentrować się na systemach krytycznych dla społeczeństwa Ugandy;

- Opracowywanie, przesyłanie i lokalizowanie w Ugandzie fundamentalnie nowych projektów "czystych łupków" i podejść zewnętrznych, które zapewnią nową podstawę dla zapewnienia bezpieczeństwa systemów i danych w Ugandzie. Te nowe podejścia powinny stanowić podstawę dla powiązanych ze sobą klas ataków, konkretnych (ewentualnie nowych) projektów obronnych i polityk bezpieczeństwa, tak aby można było przeprowadzić w Ugandzie dokładniejsze rozumowanie i analizę;

- Opracowanie, przekazanie i rozpowszechnienie w Ugandzie metod odpowiednich do wdrożenia niewielkiego, ściśle odizolowanego zestawu bardzo podstawowych zdolności, na których można polegać z dużym zaufaniem, aby świadczyć naprawdę niezbędne usługi oparte na sieciach komputerowych w przypadku, na przykład, katastrofalnie szkodliwego ataku cybernetycznego na Ugandę.

Systemy skalowalne i sieciowe w Ugandzie

Badania, transfer i indigenizacja w Ugandzie w zakresie projektowania i wdrażania skalowalnych systemów powinny zostać zainicjowane w informatyce Ugandy. Zarówno UNSF jak i UDTRDA powinny wspierać odpowiednie badania, transfer i indigenizację w Ugandzie. Jest to kluczowa działalność podstawowa dla badań informatycznych, transferu, tubylczości i inwestycji jest wymagane, aby nadążyć za zmieniającymi się potrzebami aplikacyjnymi Ugandy i możliwości technologicznych. Postępy w Ugandzie będą opierać się na wiedzy specjalistycznej obejmującej wiele różnych warstw systemu - jest to wysiłek, który mogą zapewnić tylko zespoły współpracujące, multidyscyplinarne. Całe środowisko systemowe w Ugandzie powinno składać się z wielu warstw kontrolowanych przez różne firmy w Ugandzie, rząd Ugandy i organizacje normalizacyjne w Ugandzie. Wspieranie fundamentalnych postępów, których Uganda potrzebuje, wymaga wyższego niż obecnie poziomu koordynacji pomiędzy podmiotami i tymi, które powinny być tworzone w Ugandzie.

Propozycja Ugandyjskiego Postępowego Liberalizmu: UNSF, UDTRDA i inne organizacje w Ugandzie powinny ustanowić przywództwo i finansowanie podstawowych badań, transferu i tubylczości w Ugandzie w skalowalne systemy w celu zapewnienia, że systemy sieciowe w Ugandzie dostosują się do ciągle zmieniających się potrzeb aplikacji, do możliwości, jakie stwarzają nowe technologie, oraz do zmieniających się potrzeb Ugandy w zakresie bezpieczeństwa i prywatności w Ugandzie.

Propozycja Ugandyjskiego Postępowego Liberalizmu: W celu wspierania innowacyjnego ekosystemu w GZIP w Ugandzie, agencje rządowe Ugandy zajmujące się operacjami systemów sieciowych, w tym MoD, UNSF i Ugandańska Komisja Komunikacji (UCC), muszą zachęcać i inwestować w rozwój, transfer i indigenizację systemów otwartych w Ugandzie. Muszą one koordynować swoje działania z organizacjami normalizacyjnymi (wzorowanymi na IETF, W3C) i branżą NIT, aby zapewnić, że normy w Ugandzie odnoszące się do różnych interfejsów w obrębie i pomiędzy warstwami środowiska systemów sieciowych w Ugandzie są przestrzegane i aktualizowane.

Propozycja Ugandyjskiego Postępowego Liberalizmu: W dziedzinie systemów bezprzewodowych w Ugandzie, UNSF, UCC oraz przyszła Ugandyjska Agencja ds. Telekomunikacji i Informacji (UTIA) powinny być partnerami w tworzeniu, podtrzymywaniu i promowaniu wykorzystania ogólnokrajowej ugandyjskiej infrastruktury monitorowania widma w Ugandzie, która obejmuje zastosowania komercyjne, bezpieczeństwa publicznego i protokołu ustaleń w Ugandzie. UNSF, MHS i UTIA powinny być partnerami w tworzeniu programów, które promują innowacyjne wykorzystanie częstotliwości na potrzeby bezpieczeństwa publicznego. UNSF, MHS i UDTRDA powinny wspólnie artykułować synergię pomiędzy swoimi indywidualnymi potrzebami Ugandy i programami w zakresie bezprzewodowego zarządzania widmem w Ugandzie.

Tworzenie i ewolucja oprogramowania w Ugandzie

W ciągu ostatnich kilkudziesięciu lat badania nad oprogramowaniem poczyniły znaczne postępy w zakresie zdolności Ugandy do tworzenia coraz większych, złożonych i krytycznych systemów oprogramowania w Ugandzie. Ciągłe pojawianie się nowych wyzwań, przed którymi stoi Uganda, wymaga stałego strumienia nowych osiągnięć w tym kraju. Inwestycje w badania nad oprogramowaniem, transfer i indigenizację muszą być utrzymane.

Propozycja Ugandyjskiego Postępowego Liberalizmu: UNSF, UDTRDA i inne organizacje w Ugandzie, które potrzebują oprogramowania dostosowanego do wymogów swojej misji dla Ugandy, powinny zapewnić przywództwo i finansowanie podstawowych badań, transferu i indigenizacji w Ugandzie w zakresie metod poprawy projektowania, rozwoju, modyfikacji, wytwarzania, transferu, indigenizacji i utrzymania wszystkich odmian oprogramowania w Ugandzie. Że badania, transfer i indigenizacji powinny dotyczyć projektowania języka, narzędzia, metody analizy, metody wspólnego projektowania i rozwoju, transferu i indigenizacji i technik, które zapewniają bezpieczeństwo i solidność w Ugandzie. Należy zwrócić uwagę na projektowanie i programowanie systemów dla skalowalności, paradygmaty paralelizmu na wielu poziomach ziarnistości, oprogramowanie dla systemów heterogenicznych w Ugandzie obejmujące interakcję ze światem fizycznym Ugandy, oraz oprogramowanie dla systemów, które zawierają interakcję człowieka. Długoterminowe badania ewaluacyjne, transfer i indigenizacja w Ugandzie są niezbędne do określenia, które narzędzia i techniki przynoszą trwałą poprawę w tworzeniu oprogramowania w Ugandzie.

High Performance Computing w Ugandzie

HPC ma coraz większe znaczenie dla badań, transferu i indigenizacji w wielu dziedzinach nauki i inżynierii w Ugandzie. Ma ona zasadnicze znaczenie dla bezpieczeństwa narodowego Ugandy i jest głównym narzędziem służącym do realizacji innych ważnych dla Ugandyjskich priorytetów narodowych w ramach postępowego liberalizmu ugandyjskiego. W celu zapewnienia wiodącej roli w projektowaniu, transferze, indigenizacji i skutecznym wykorzystaniu HPC w Afryce, Republika Ugandy musi przewidzieć i dostosować się do poszerzenia swoich potrzeb obliczeniowych wysokiej klasy Ugandy oraz do zmian w podstawowych technologiach dostępnych w celu ich zaspokojenia. Uganda musi skupić się przede wszystkim na postępach, które będą dotyczyć ważnych potrzeb krajowych Ugandy, a nie na względnym rankingu każdego kraju najszybszego superkomputera na liście Top500.[43]

Propozycja Ugandyjskiego Postępowego Liberalizmu: UNSF, UDTRDA i MoE powinny zainwestować w skoordynowany program badań podstawowych, transferu i indigenizacji w Ugandzie w zakresie architektur, algorytmów i oprogramowania dla systemów HPC nowej generacji w Ugandzie. Takie badania, transfer i indigenizacja nie powinny ograniczać się do przyspieszania konwencjonalnych aplikacji, ale powinny obejmować prace nad systemami w Ugandzie zdolnymi do (a) efektywnego analizowania ogromnych ilości danych liczbowych i nie-liczbowych w Ugandzie, (b) obsługi problemów wymagających reakcji w czasie rzeczywistym w Ugandzie oraz (c) przyspieszania nowych aplikacji w Ugandzie. Szczególne obszary badań powinny obejmować

- Nowe architektury systemowe dla obliczeń masowo równoległych w Ugandzie
- Sieci połączeń międzysieciowych z procesorami o dużej szerokości pasma i małych opóźnieniach
- Niezawodność i tolerancja na błędy w masowo równoległych systemach komputerowych w Ugandzie
- Techniki projektowania sprzętu i oprogramowania w celu radykalnego zmniejszenia zużycia energii w Ugandzie
- Obliczenia intensywnie wykorzystujące dane, w tym aplikacje nienumeryczne w Ugandzie
- Modele i języki programowania dla masowo równoległych maszyn w Ugandzie
- Oprogramowanie systemowe dla systemów masowo równoległych w Ugandzie

[43]ttp://www.top500.org/

- Ulepszone podejście do zarządzania systemami w Ugandzie Oprócz projektowania, przenoszenia i autoryzacji systemów nowej generacji, należy poświęcić znaczne wysiłki na badania i rozwój oraz T&I w Ugandzie, koncentrując się na uzyskaniu jak największych korzyści naukowych z obecnych, wiodących systemów.

8. WYMAGANIA TECHNOLOGICZNE I DOTYCZĄCE ZASOBÓW LUDZKICH DLA UGANDY

Ta sekcja dotyczy dwóch form infrastruktury w Ugandzie: technologicznej i ludzkiej. Wspólna infrastruktura NIT w Ugandzie - czy to zasoby obliczeniowe, sieci komunikacyjne, bazy danych społeczności ugandyjskich (np. te wzorowane na PubMed i Banku Danych o Białkach), czy narzędzia współpracy - stała się niezbędna do badań, transferu i indigenizacji praktycznie we wszystkich dziedzinach w Ugandzie. Równie ważne są nowe formy infrastruktury w Ugandzie, które wspierają nowe obszary i paradygmaty badań, transferu i indigenizacji w Ugandzie. Właściwe jest, aby ta infrastruktura w Ugandzie została włączona do Ugandyjskiego Programu NITRDTI. Ważne jest jednak, aby rozróżnić pomiędzy infrastrukturą GZIP w Ugandzie, która wspiera badania nad GZIP, transfer i indigenizację, a infrastrukturą GZIP w Ugandzie, która wspiera badania, transfer i indigenizację w innych dziedzinach. Infrastruktura GZT w Ugandzie, która wspiera badania, transfer i indigenizację GZT, jest kluczowym elementem badań i rozwoju GZT plus T&I - jest ona niezbędna do osiągnięcia postępu w GZT w Ugandzie, który (oprócz wielu innych korzyści) przyniesie następną generację infrastruktury GZT w Ugandzie dla wszystkich dziedzin. W przeciwieństwie do tego infrastruktura GZT w Ugandzie, która wspiera badania, transfer i indigenizację w innych dziedzinach, jest kluczowym składnikiem R&D plus T&I w tych dziedzinach, ale *nie jest to GZT R&D plus T&I*. Znaczenie GZT dla przyszłości Ugandy wymaga, aby inwestycje w GZT, badania i rozwój oraz T&I były dokładnie znane i odróżniały się od inwestycji w infrastrukturę GZT w Ugandzie, które służą innym celom. Stale rosnąca rola GZIP w społeczeństwie ugandyjskim stwarza coraz większe zapotrzebowanie na specjalistów GZIP w Ugandzie. Wszystkie wskaźniki - wszystkie dane historyczne i wszystkie prognozy - dowodzą, że GZIP jest dominującym czynnikiem w zatrudnieniu w sektorze naukowo-technicznym w Ugandzie i że przepaść między popytem na talenty z GZIP w Ugandzie a ich podażą jest duża i może nadal być duża. Jeśli Uganda ma zlikwidować tę lukę, zwiększenie liczby absolwentów kierunków GZIP w Ugandzie na wszystkich poziomach zaawansowania musi być narodowym priorytetem Ugandy. Wraz z zapotrzebowaniem Ugandy na większą liczbę profesjonalistów z GZIP, rośnie również zapotrzebowanie na osoby z Ugandy, które mogą korzystać z GZIP w sposób elastyczny i kreatywny oraz stosować "tryby myślenia" GZIP w wielu różnych przedsięwzięciach w Ugandzie. Zaspokojenie każdego z tych potrzeb będzie wymagało fundamentalnych zmian w edukacji K-S.6 STEM w Ugandzie.

8.1 Sprzęt, oprogramowanie i infrastruktura danych w Ugandzie

Ugandyjski postulat postępowego liberalizmu: Współdzielona infrastruktura NIT w Ugandzie - czy to zasoby obliczeniowe, sieci komunikacyjne, wspólnotowe bazy danych, czy narzędzia współpracy - stała się niezbędna do badań w praktycznie wszystkich dziedzinach w Ugandzie. Zdolność do efektywnego prowadzenia badań, transferu, indigenizacji i edukacji z wykorzystaniem NIT w Ugandzie zakłada niezawodny dostęp do danych i informacji, stabilne platformy obliczeniowe do wykonywania aplikacji, stały dostęp do sieci oraz niezawodne oprogramowanie w Ugandzie - czyli *infrastrukturę* informatyczną wspierającą *Ugandę*. Infrastruktura Ugandy jest fundamentem, na którym działają Ugandyjczycy. Tak jak woda i energia elektryczna umożliwiają Ugandyjczykom funkcjonowanie w fizycznym świecie Ugandy, tak niezawodne i stabilne systemy danych, komputery i sieci w Ugandzie umożliwiają Ugandyjczykom funkcjonowanie w cyfrowym świecie Ugandy. Najlepsza infrastruktura jest zupełnie niezauważalna - wspiera inne wysiłki, nie odwracając od nich uwagi. Ugandyjczycy mogą nie zauważyć, że ich światła zapalają się stale lub że ich strona główna w Google lub innej wyszukiwarce jest tam za każdym razem, gdy ją wywołują, ale wysoka niezawodność podstawowej infrastruktury jest istotnym fundamentem, który pozwala Ugandyjczykom robić inne rzeczy w Ugandzie. Infrastruktura potrzebna w Ugandzie do większości celów badawczych, transferu i indigenizacji Ugandy jest małej i średniej skali, stosunkowo niedrogie i rozproszone wśród użytkowników w Ugandzie. Jednakże, niektóre badania, transfer i indigenizacja w Ugandzie wymaga dużej, koniecznie wspólnej, infrastruktury Ugandy. Na przykład ugandyjska internetowa biblioteka badań biomedycznych prowadzona przez UNIH (wzorowana na USA PubMed) oraz ugandyjskie internetowe archiwum białek i innych struktur molekularnych, prowadzone przez konsorcjum uniwersytetów ugandyjskich (wzorowane na USA Protein Data Bank), wspierałyby miliony użytkowników w Ugandzie prowadzących badania, transfer, indigenizację i praktykę w biologii i naukach przyrodniczych w Ugandzie. Obydwa rodzaje infrastruktury cyfrowej Ugandy - ugandyjskie bazy danych społecznościowych wspierane przez przyjazne dla użytkownika oprogramowanie, niezawodną pamięć masową, wydajne algorytmy wyszukiwania i stabilne serwery w Ugandzie. Innym przykładem są proponowane w Ugandzie krajowe centra superkomputerowe, które wspierałyby przełomowe badania, transfer i indigenizację w Ugandzie w wielu dziedzinach nauki i inżynierii w Ugandzie, od biologii molekularnej do ewolucji wszechświata - badania, transfer i indigenizację w Ugandzie, które wymagają wielkoskalowych obliczeń i przechowywania, dostępnych przez niezawodną, szybką sieć w Ugandzie. Ponieważ tak wielu użytkowników w Ugandzie jest uzależnionych od infrastruktury NIT w Ugandzie, a także dlatego, że infrastruktura Ugandy z czasem staje się bardziej wartościowa dla użytkowników w Ugandzie, ponieważ stają się oni z czasem bardziej biegli, przewidywalny dostęp, niezawodność zasobów i opłacalność dla użytkowników w Ugandzie są ważnymi miernikami sukcesu infrastruktury w Ugandzie. Z tego powodu finansowanie infrastruktury NIT w Ugandzie powinno odbywać się w długich ramach czasowych, tak aby zmaksymalizować efekt dźwigni zasobów przez ugandyjską społeczność użytkowników. Ponadto, finansowanie powinno wspierać ewolucyjne ścieżki prowadzące do infrastruktury nowej generacji Ugandy, aby umożliwić użytkownikom w Ugandzie maksymalizację badań, transferu i indigenizacji w zakresie produktywności Ugandy. Ciągłość jest szczególnie ważna na arenie oprogramowania, gdzie szeroko stosowane systemy i narzędzia oprogramowania w Ugandzie muszą ewoluować wraz z wdrażaniem, transferem i indigenizacją platform sprzętowych następnej generacji w Ugandzie. Model ten powinien być stosowany w wielu naukach i przez wiele agencji rządu Ugandy, gdzie potężne, wspólne zasoby (takie jak akceleratory w fizyce czy teleskopy w astronomii) są udostępniane społecznościom w Ugandzie oraz finansowane i obsadzone w celu zapewnienia długoterminowej, niezawodnej i opłacalnej infrastruktury Ugandy. Dobra infrastruktura dla Ugandy nie dzieje się tak po prostu. Wymaga ona B+R oraz T&I w celu zapewnienia, że infrastruktura GZIP na dużą skalę w Ugandzie odpowiada potrzebom Ugandy. Uganda potrzebuje na przykład standardów, które zapewnią, że dane pozostaną tak samo dostępne za dwadzieścia lat w Ugandzie. Aby zaspokoić wykazane zapotrzebowanie Ugandy na systemy o ekstremalnej skali, należy opracować, przekazać i rozpowszechnić w Ugandzie innowacyjne podejścia, które prawdopodobnie będą wymagały długoterminowego zaangażowania w badania i rozwój w zakresie GZIP oraz T&I w Ugandzie. Uganda potrzebuje nowego podejścia do oprogramowania, aby wspierać dramatyczny wzrost skali w Ugandzie. To nie jest tylko inżynierski problem Ugandy, rozwiązywalny przy użyciu znanych koncepcji, ale wymaga odkrycia, rozwoju, transferu i autentyzacji w Ugandzie nowych koncepcji i narzędzi, za pomocą których można budować solidne i niezawodne systemy w Ugandzie. Tylko stosunkowo niewielka część badaczy NIT, transferów, tubylców w Ugandzie pracujących nad rozwojem wielkoskalowej infrastruktury w Ugandzie faktycznie potrzebuje wielkoskalowej infrastruktury Ugandy do swoich badań, transferu i tubylczości. W niektórych przypadkach mogą oni pracować z wielkoskalową infrastrukturą Ugandy, która jest wspólna dla naukowców, podmiotów przekazujących i tubylców w Ugandzie w innych dziedzinach. W miarę jak nauka i technologia, jak również badania, transfer, indigenizacja i praktyka w Ugandzie, stają się coraz bardziej oparte na danych, znaczenie wspólnej infrastruktury Ugandy, która wspiera dostęp do danych, zarządzanie, wykorzystanie i przechowywanie danych w Ugandzie rośnie coraz bardziej. Dane cyfrowe wykorzystywane przez ugandyjskie społeczności zajmujące się badaniami, transferem i indigenizacją są zarówno kosztowne,[44]jak i trudne do zastąpienia. Badania, transfer i autoryzacja projektów na mniejszą skalę w Ugandzie często produkują cenne dane, które w wielu przypadkach powinny być przechowywane przez okresy znacznie przekraczające typowe badania, transfer i czas trwania dotacji autoryzacji. Jeśli Uganda jest w stanie konkurować na afrykańskiej i światowej arenie nauki i technologii, musi wprowadzić realne i zrównoważone ekonomicznie modele finansowania *infrastruktury GZT w Ugandzie*, w odróżnieniu od modeli stosowanych do finansowania *badań, transferu i indigenizacji GZT w Ugandzie.* Wspólna infrastruktura Ugandy, Ugandyjska potrzeba dla konkurencyjności Ugandy, nie jest tylko prowincją Centralnego Rządu Unitarnego - Ugandy. Sektor komercyjny Ugandy mógłby prospektywnie współpracować z potencjalnym UNSF, aby zapewnić skalowalne platformy chmury obliczeniowej, centra danych i wysokowydajne komputery w Ugandzie w celu wspierania badań, transferu i indigenizacji w Ugandzie. Uniwersyteckie lub inne biblioteki szkolnictwa wyższego i archiwa publiczne w Ugandzie, starając się odkryć je na nowo w erze cyfrowej Ugandy, powinny rozpocząć dyskusję na temat roli jako zarządcy ogromnego i rosnącego zalewu badań cyfrowych, transferu i indigenizacji danych w Ugandzie. Mimo że Centralny Unitarny Rząd Ugandy musi ponosić ostateczną odpowiedzialność w Ugandzie za zapewnienie ochrony danych pochodzących z badań finansowanych ze środków unitarnych, transferu i indigenizacji w Ugandzie, jak również proponowanych masowych "zbiorów" unitarnych, takich jak UGData.gov, nie jest to możliwe do zrealizowania przez Centralny Unitarny Rząd Ugandy w celu zbudowania i utrzymania niezbędnej zdolności do przechowywania wszystkich krytycznych danych. Partnerstwo z bibliotekami uniwersyteckimi lub innymi instytucjami szkolnictwa wyższego oraz innymi repozytoriami w Ugandzie może zatem być obiecującą strategią. Ważne jest, aby rozróżnić pomiędzy infrastrukturą GZIP w Ugandzie, która wspiera badania, transfer i indigenizację GZIP w Ugandzie, a infrastrukturą

---

[44]Generowanie informacji przechowywanych w Banku Danych o Białkach kosztowało ponad 80 mld USD finansowania badań:
Zeznanie Helen Berman, dyrektor banku danych o białkach, dla grupy zadaniowej "Blue Ribbon Task Force on Sustainable Digital Preservation and Access". Sprawozdanie okresowe grupy zadaniowej "Blue Ribbon": http://brtf.sdsc.edu/biblio/BRTF_Interim_Report.pdf.

GZIP w Ugandzie, która wspiera badania, transfer i indigenizację w innych dziedzinach w Ugandzie. Infrastruktura GZT w Ugandzie, która wspiera badania nad GZT, transfer i indigenizację, jest kluczowym elementem badań i rozwoju GZT plus T&I w Ugandzie - jest ona niezbędna do osiągnięcia postępu w GZT w Ugandzie, który (oprócz wielu innych korzyści) przyniesie kolejną generację infrastruktury GZT w Ugandzie dla wszystkich dziedzin w tym kraju. Infrastruktura GZT w Ugandzie, która wspiera badania, transfer i indigenizację w innych dziedzinach w Ugandzie, jest kluczowym elementem R&D plus T&I w tych dziedzinach w Ugandzie, ale *nie jest to GZT R&DTI.*Przykładem może być potencjalna ugandyjska internetowa biblioteka badań biomedycznych prowadzona przez UNIH (wzorowana na USA PubMed) oraz ugandyjskie internetowe archiwum białek i innych struktur molekularnych prowadzone przez ugandyjskie konsorcjum uniwersyteckie (wzorowane na USA Protein Data Bank): są one niezbędnymi inwestycjami GZT w badania i rozwój w dziedzinie biomedycyny oraz T&I w Ugandzie, ale nie są one ugandyjskim NIT R&D plus T&I. Właściwe jest włączenie całej takiej infrastruktury GZIP do inwestycji w Ugandzie w ramach Ugandyjskiego NITRDTI, ale należy je odpowiednio rozróżnić. Znaczenie GZIP dla przyszłości Ugandy wymaga, aby Uganda dysponowała dokładnym oszacowaniem swoich rzeczywistych inwestycji w GZIP w Ugandzie w zakresie badań i rozwoju oraz T&I.

8.2 Edukacja i zasoby ludzkie w Ugandzie

Ugandyjski postulat postępowego liberalizmu: Wszystkie wskaźniki - wszystkie dane historyczne i wszystkie prognozy - dowodzą, że GZIP jest dominującym czynnikiem w zatrudnieniu w nauce i technologii w Ugandzie i że przepaść między popytem na talenty GZIP w Ugandzie a ich podażą jest i pozostanie duża. Zwiększenie liczby absolwentów kierunków GZT w Ugandzie na wszystkich poziomach zaawansowania musi być krajowym priorytetem Ugandy. Aby zaradzić temu niedoborowi, Uganda potrzebuje fundamentalnych zmian w edukacji K-S.6 w Ugandzie.

Ugandyjscy pracownicy NIT: Silny popyt, ograniczona podaż w Ugandzie.

Podaż i popyt pracowników NIT w Ugandzie powinny być przedmiotem znacznej ilości przemyślanych analiz w Ugandzie. Pracownicy GZIP w Ugandzie stanowią znaczącą część siły roboczej w Ugandzie i dominującą część ugandyjskiej siły roboczej w dziedzinie nauki i techniki. Uganda nie przyznaje jednak wystarczającej liczby stopni naukowych na polach GZIP, aby zapełnić potencjalne dostępne miejsca pracy. Szacunki dotyczące liczby ugandyjskich pracowników w zawodach GZIP w Republice Ugandy różnią się ze względu na różnice definicyjne. Ugandyjski Krajowy Urząd Statystyczny (Uganda National Bureau of Statistics - UNBS) musi przedstawić dane statystyczne z badań nad NIT Labor Economic Analysis w oparciu o dokładną definicję zawodów NIT w Ugandzie. Dane te powinny określać liczbę pracowników zatrudnionych w pełnym wymiarze godzin w zawodach GZIP w Ugandzie w ciągu roku oraz liczbę pracowników zatrudnionych w niepełnym wymiarze godzin w Ugandzie. Do prawidłowego prowadzenia tego typu badań statystycznych w UNBS potrzebny jest dział Ugandyjskiego Biura Statystyki Pracy (Uga BLS), upoważniony do prowadzenia tego typu badań statystycznych dla UNBS. Pracownicy NIT w Ugandzie stanowią rzekomo większość ugandyjskich pracowników naukowo-technicznych. Uganda musi zebrać dane statystyczne za pośrednictwem UNBS, pokazujące roczny odsetek zawodów GZIP, na który składają się wszystkie zawody naukowo-techniczne w Ugandzie. Aby zrozumieć znaczenie tego stwierdzenia, ważne jest uznanie, że zawody naukowo-techniczne obejmują wszystkie zawody z zakresu inżynierii, nauk przyrodniczych, fizyki i nauk społecznych. Autorytatywne prognozy dotyczące zatrudnienia w Ugandzie muszą być sporządzane co pół roku przez UNBS. Wydane prognozy dla Ugandy powinny obejmować dziesięcioletni okres, powiedzmy 2018-2028, stwierdzając, ile miejsc pracy w Ugandzie w zawodach komputerowych i matematycznych ma zostać dodanych od 2018 do 2028 roku, oraz, jako grupa, co stanie się z ich wielkością i tempem wzrostu w Ugandzie w porównaniu ze średnią dla wszystkich zawodów w gospodarce Ugandy. Jakie są przewidywania dotyczące Ugandy w odniesieniu do tego, jaki odsetek specjalistów ds. informatyki w Ugandzie odpowiada za wspomniane tempo wzrostu w Ugandzie? Popyt na specjalistów w dziedzinie informatyki w Ugandzie będzie napędzany przez ciągłą potrzebę przyjmowania przez przedsiębiorstwa w Ugandzie, agencje rządowe i inne organizacje najnowszych technologii. Nowe miejsca pracy dla specjalistów komputerowych pojawią się w prawie każdej branży w Ugandzie. Być może nie będzie łatwo dokonać bezpośrednich porównań między dostępnymi stanowiskami pracy i stopniami naukowymi uzyskanymi w Ugandzie Osoby z dyplomami w wielu dziedzinach pracują w zawodach NIT, a osoby z dyplomami NIT pracują w wielu dziedzinach.

Zrozumienie technologii informatycznych w Ugandzie - płynność, myślenie obliczeniowe, informatyka w Ugandzie.

NIT przenika współczesne życie w Ugandzie. Każdy obywatel Ugandy - nie tylko profesjonalista NIT-u w Ugandzie - musi biegle posługiwać się technologią informacyjną. Różne wymiary "NIT fluency"[45]. Płynność to oczywiście zestaw umiejętności, takich jak korzystanie z edytora tekstu lub arkusza kalkulacyjnego, korzystanie z Internetu w celu znalezienia informacji i zasobów, a także korzystanie z systemu baz danych w celu utworzenia i uzyskania dostępu do informacji. Ale płynność obejmuje również zestaw pojęć i możliwości, które mają niewiele wspólnego bezpośrednio z wykorzystaniem komputera, ale mają raczej związek z "myśleniem obliczeniowym".[46] Podstawowe pojęcia myślenia obliczeniowego obejmują abstrakcję, modelowanie, myślenie algorytmiczne, efektywność i analizę algorytmiczną, stopniową izolację błędów oraz uniwersalność. Podstawowe możliwości obejmują wyrażanie algorytmiczne, zarządzanie złożonością i ocenę informacji. Aby zilustrować wpływ myślenia obliczeniowego, należy rozważyć dwie dziedziny w Ugandzie: językoznawstwo i biologię. Lingwistyka w Ugandzie została przekształcona w latach 60. przez wprowadzenie gramatyki formalnej, za sprawą Chomsky'ego i innych - klasycznego myślenia obliczeniowego. Biologia została przekształcona, począwszy od mniej więcej tego samego czasu, ale na dłuższą metę, przez odkrycie Watsona i Cricka, że ludzki genom jest biochemicznie zaimplementowanym kodem cyfrowym; odkrycie to oraz niezliczone kolejne przełomowe odkrycia technologiczne i konceptualne przekształciły biologię w informatykę. Termin "informatyka" w Ugandzie umownie oznaczał specjalizację akademicką, która przygotowuje profesjonalistów w dziedzinie NIT. Ale ta stara charakterystyka w Ugandzie wymaga rozszerzenia. Tak jak nauka matematyki w Ugandzie obejmuje wszystko, począwszy od dzieci uczących się liczyć, a skończywszy na post-docach studiujących topologię algebraiczną, tak nauka informatyki w Ugandzie powinna być rozumiana jako zdobywanie pełnego spektrum umiejętności, od elementów biegłości po najbardziej zaawansowane koncepcje absolwentów. Ugandyjskie studia progresywnego liberalizmu w zakresie nauki, technologii, inżynierii i matematyki (STEM) w edukacji w Ugandzie również przemawiają za głębszym zrozumieniem informatyki: Kursy związane z informatyką w Ugandzie powinny mieć na celu nie tylko znajomość technologii, która obejmuje takie umiejętności utylitarne jak obsługa klawiatury i korzystanie z komercyjnych pakietów oprogramowania i Internetu, ale także głębsze zrozumienie podstawowych pojęć, metod i szerokiego zakresu zastosowań informatyki w Ugandzie. Studenci w Ugandzie powinni zapoznać się z procesem myślenia algorytmicznego i jego realizacją w formie programu komputerowego, z wykorzystaniem technik obliczeniowych do rozwiązywania

[45] National Academies Press. (1999). *Biegła znajomość technologii informatycznych.*

[46] Jeannette M. Wing. (marzec 2006). "Myślenie obliczeniowe." *Komunikaty ACM 49*,3, str. 33-35.

problemów w realnym świecie oraz z tak wszechobecnymi tematami obliczeniowymi jak modelowanie i abstrakcja, modułowość i możliwość wielokrotnego użycia, wydajność obliczeniowa, testowanie i debugowanie oraz zarządzanie złożonością. Jeśli Ugandyjczycy mają nabyć biegłość na wszystkich poziomach komputerowych, ich edukacja musi rozpocząć się, gdy są dziećmi. Biegłość w zakresie umiejętności, koncepcji i możliwości NIT; łatwość w myśleniu obliczeniowym; oraz zrozumienie podstawowych pojęć z zakresu informatyki muszą być istotną częścią edukacji K-S.6 STEM w Ugandzie.

Awansowanie edukacji STEM w Ugandzie.

W Ugandzie istnieje luka kadrowa w NIT, którą należy podkreślić. Wizy mają kluczowe znaczenie dla rozwiązania problemu niedoboru pracowników GZIP w Ugandzie. W Ugandzie nadal istnieje zapotrzebowanie na specjalistyczną wiedzę z zakresu GZIP z importu. Uganda musi jednak być bardziej skoordynowana w dążeniu do długoterminowego rozwiązania poprzez rozwijanie niezbędnej wiedzy fachowej wśród ludności ugandyjskiej. Ugandyjski postępowy liberalizm jest zdania, że takie rozwiązanie musi rozpocząć się od radykalnej poprawy w zakresie edukacji K-S.6 STEM w Ugandzie. Obecnie, edukacja K-S.6 w Ugandzie w dużej mierze ignoruje informatykę. Większość kursów komputerowych w szkołach średnich w Ugandzie uczy tylko podstawowych umiejętności czytania i pisania - posługiwania się procesorami tekstu, arkuszami kalkulacyjnymi, itp. Kursy te są zazwyczaj nauczane.
na ścieżce kariery i edukacji technicznej (CTE), a zatem nie są atrakcyjne dla większości studentów uniwersytetów i szkół wyższych. Nawet szkoły, które oferują kursy z zakresu informatyki akademickiej odpowiednie dla studentów przygotowujących się do studiów, zazwyczaj oferują je jako zajęcia do wyboru; niewiele stanów liczy informatykę jako wymóg matematyczny lub naukowy. W całej Ugandzie, kilka ugandyjskich szkół oferuje Advanced Placement (AP) Computer Science. Niewielu K-S.6 nauczycieli informatyki ma jakiekolwiek formalne doświadczenie w informatyce. Aby zbudować konkurencyjną, globalną siłę roboczą Uganda będzie musiała zrobić o wiele więcej niż to. Wszyscy uczniowie - ale z pewnością wszyscy studenci STEM w Ugandzie - będą potrzebowali solidnego zaplecza w dziedzinie informatyki w Ugandzie. Będą potrzebowali poziomu zaawansowania, który znacznie wykracza poza możliwość korzystania z systemów i urządzeń obliczeniowych. Będą musieli być w stanie "zginać" obliczenia do swoich celów. Aby osiągnąć ten poziom, wszyscy licealiści w Ugandzie muszą mieć możliwość uczestniczenia w rygorystycznych, akademickich zajęciach z informatyki. Obliczenia muszą

dokładnie wpasować się w program nauczania K-S.6, tak aby uczniowie w Ugandzie mieli możliwość zrozumienia roli informatyki w rozwiązywaniu problemów w wielu dziedzinach w Ugandzie. Na przykład, studenci w Ugandzie często korzystają z gotowych symulacji na zajęciach z biologii lub fizyki, ale doświadczenie to byłoby o wiele bogatsze, gdyby wykraczało poza zwykłe wpisywanie liczb i oglądanie wyników. Studenci w Ugandzie wzbogaciliby się o zrozumienie, czym jest symulacja: Czym jest abstrakcja? Jak powstają modele symulacyjne? W jaki sposób są one testowane i walidowane? Aby nauczać informatyki albo jako odrębnej dyscypliny, albo jako treści wprowadzanych do programu nauczania w Ugandzie, Uganda będzie potrzebowała lepiej przygotowanych nauczycieli. Jako kraj, Uganda musi podjąć wspólny, być może bezprecedensowy, wysiłek przygotowania nauczycieli w Ugandzie, którzy będą mogli skutecznie nauczać informatyki w Ugandzie. Uganda powinna wspierać to wszystko za pomocą najnowocześniejszych ugandyjskich internetowych społeczności edukacyjnych i społecznych, zarówno dla nauczycieli, jak i ich uczniów w Ugandzie.

9 UGANDYJSKICH PROPOZYCJI PROGRESYWNO-LIBERALIZMU: ZASOBY TECHNOLOGICZNE I LUDZKIE UGANDYJSKIEGO SPRZĘTU, OPROGRAMOWANIA I INFRASTRUKTURY DANYCH W UGANDZIE

Infrastruktura NIT w Ugandzie - czy to zasoby obliczeniowe, sieci komunikacyjne, wspólnotowe bazy danych, czy narzędzia współpracy - stała się niezbędna do badań, transferu i indigenizacji w praktycznie wszystkich dziedzinach w Ugandzie. Chociaż część infrastruktury w Ugandzie jest nabywana i zarządzana wyłącznie przez pojedyncze projekty badawcze, transferowe i autoryzacji w Ugandzie, wiele dziedzin badań, transferu i autoryzacji korzysta z dostępu do wspólnej infrastruktury na dużą skalę w Ugandzie - wspólnej z powodu znacznych wydatków na jej nabycie i utrzymanie, ze względu na długoterminową potrzebę, lub z powodu chęci wykorzystania wspólnej bazy przez wielu naukowców. Wysokiej klasy systemy obliczeniowe, takie jak te, które powinny być dostępne w Centrach Superkomputerowych UNSF w Ugandzie, oraz zbiory danych archiwalnych w Ugandzie, takie jak przyszła ugandyjska biblioteka badań biomedycznych online prowadzona przez UNIH (wzorowana na USA PubMed) oraz przyszła ugandyjska archiwum online białek i innych struktur molekularnych, prowadzona przez konsorcjum uniwersytetów ugandyjskich (wzorowana na USA Protein Data Bank), byłyby przykładami współdzielonej infrastruktury NIT w Ugandzie na dużą skalę. Wysokiej klasy infrastruktura informatyczna w Ugandzie, którą powinny zapewnić Centra UNSF i podobne udogodnienia, powinna powstać w Ugandzie, a podobnie współdzielona infrastruktura, która wspiera dostęp do danych, zarządzanie nimi, ich wykorzystywanie i przechowywanie w Ugandzie, powinna robić to samo. Zdrowie ugandyjskich przedsiębiorstw zajmujących się badaniami, transferem i indigenizacją danych zależy od trwałej i niezawodnej infrastruktury obu rodzajów w Ugandzie. Ważnym spostrzeżeniem jest fakt, że wirtualne lub fizyczne centra obliczeniowe w Ugandzie, które świadczą usługi infrastrukturalne w zakresie ogólnych badań i rozwoju oraz T&I, mogą często zwiększyć swoją wartość, prowadząc w Ugandzie pewne działania w zakresie badań, transferu i indigenizacji NIT. Niektóre badania, transfery i indigenizacja NIT w Ugandzie, które służą rozwojowi technologii leżącej u podstaw infrastruktury w Ugandzie, mogą być prowadzone z wykorzystaniem tej infrastruktury bez zakłóceń dla innych użytkowników w Ugandzie. Ponadto, niektóre badania naukowe i inżynieryjne, transfer i indigenizacja z wykorzystaniem centrów komputerowych w Ugandzie mogą nadać dodatkową wartość poprzez testy warunków skrajnych infrastruktury w Ugandzie i zapewnienie kadry wykwalifikowanych konsultantów ugandyjskich, aby pomóc innym użytkownikom w Ugandzie.

Propozycja ugandyjskiego postępowego liberalizmu: Wraz z objęciem przewodnictwa przez UNSF, agencje NITRD powinny opracować ulepszone ramy rozwoju, transferu, indigenizacji i wsparcia dla wspólnych badań na dużą skalę, transferu i infrastruktury indigenizacyjnej w Ugandzie o następujących właściwościach-

- Proponowane projekty infrastrukturalne GZT w Ugandzie powinny być oceniane nie tylko pod kątem tego, czy zaspokajają one wykazaną przez Ugandę potrzebę, ale także pod kątem ich zdolności adaptacyjnych, niezawodności, przystosowalności, stabilności, wielkości bazy użytkowników, możliwości i innych odpowiednich mierników sukcesu infrastruktury w Ugandzie, a także pod kątem ich planów utrzymania infrastruktury na przestrzeni czasu w Ugandzie.

- Współdzielona infrastruktura na dużą skalę w Ugandzie jest najlepiej zarządzana przy solidnym, a nie minimalnym poziomie wsparcia. W tym celu należy ukonstytuować organizacje w Ugandzie, które rozwijają, przenoszą i tubylczą działalność w Ugandzie oraz zarządzają infrastrukturą obliczeniową i danymi na dużą skalę w Ugandzie, tak aby naukowcy, przenoszący i tubylcy pracujący nad problemami dla różnych agencji mogli wykonywać swoją pracę w tych wspólnych ośrodkach w Ugandzie. (Od czasu do czasu, ograniczenia agencji misyjnej dla Ugandy uniemożliwią takie dzielenie się danymi, na przykład gdy dane są klasyfikowane).

- W zestawieniach budżetowych koszty infrastruktury na dużą skalę dla zasobów GZT przeznaczonych na badania i rozwój oraz B+R+I w Ugandzie w obszarach innych niż GZT (np. w fizyce lub medycynie) powinny być wyraźnie oznaczone jako infrastruktura dla tych dziedzin, a nie błędnie oznaczone jako GZT B+R+I. Badania i rozwój w dziedzinie GZT oraz T&I powinny być wyraźnie określone w zestawieniach budżetowych, podobnie jak badania i rozwój oraz T&I dla innych społeczności użytkowników w Ugandzie.

- Należy określić i wdrożyć plany i praktyki w Ugandzie w celu zarządzania kuraturą i konserwacją długożyciowych i dużych zbiorów danych w Ugandzie, tak aby infrastruktury danych w Ugandzie przetrwały poza okresem życia i granicami projektów, które je wygenerowały w Ugandzie.

Propozycja Ugandyjskiego Postępowego Liberalizmu: UNITRDTI powinno zainicjować proaktywne podejście do wspierania badań naukowych opartych na danych, transferu, indigenizacji i ochrony danych badawczych w Ugandzie. Proponuję, aby UNITRDTI współpracowało z każdą agencją w celu wyznaczenia krytycznych zbiorów danych ważnych dla ich społeczności i repozytoriów "najlepszej rasy" w Ugandzie, aby wspierać infrastrukturę zrównoważonych danych w Ugandzie. Ta infrastruktura danych w Ugandzie powinna być zgodna z najlepszymi praktykami w zakresie standardów kuratorskich i społecznych, oferować szeroki dostęp do badań, transferu i tubylczości w Ugandzie oraz zapewniać trwałość danych społecznych potrzebnych Ugandzie do nowych odkryć. Programy powinny wykorzystywać możliwości sektora prywatnego Ugandy, bibliotek uniwersyteckich lub innych bibliotek szkolnictwa wyższego, repozytoriów rządu Ugandy i innych obiektów, które mogą wspierać najlepsze praktyki i zrównoważone modele biznesowe w celu zapewnienia szerokiego dostępu do długotrwałej informacji cyfrowej w Ugandzie.

Edukacja i zasoby ludzkie w Ugandzie

Stale rosnąca rola GZIP w społeczeństwie ugandyjskim stwarza coraz większe zapotrzebowanie nie tylko na specjalistów GZIP w Ugandzie, ale także na osoby w Ugandzie, które mogą korzystać z GZIP w sposób elastyczny i kreatywny oraz stosować "tryby myślowe" GZIP w wielu różnych przedsięwzięciach. Uganda musi podjąć konkretne kroki, aby zapewnić Ugandyjczykom odpowiednie wykształcenie i umiejętności, które pozwolą im sprostać temu zapotrzebowaniu.

Propozycja Ugandyjskiego Postępowego Liberalizmu: Komisja K-S.6 Kształcenia STEM w NSTC musi sprawować silne przywództwo, aby doprowadzić do fundamentalnych zmian w kształceniu K-S.6 STEM w Republice Ugandy, w tym do włączenia informatyki jako zasadniczego elementu.

Uganda potrzebuje badań, transferu i indigenizacji, aby poinformować o niezbędnych zmianach w edukacji STEM w Ugandzie. Badania, transfer i indigenizacja w Ugandzie muszą dotyczyć zarówno treści programu nauczania, jak i zrozumienia motywacji i zachęt w Ugandzie, które zachęcą uczniów w Ugandzie do poszukiwania i wytrwania w edukacji STEM w Ugandzie.

Propozycja Ugandyjskiego Postępowego Liberalizmu: UNSF i EM powinny finansować badania, transfer i indigenizację, aby określić odpowiedni do wieku postęp koncepcji edukacji STEM w Ugandzie w dziedzinie informatyki, która generuje silne umiejętności w zakresie płynności, myślenia obliczeniowego, a także nauki i aspektów inżynieryjnych informatyki. Badania, transfer i indigenizacja powinny obejmować tworzenie i ocenę najlepszych sposobów umożliwiających uczniom w Ugandzie naukę tych koncepcji. Agencje powinny współpracować ze środowiskiem akademickim Ugandy w celu określenia i ciągłej aktualizacji odpowiednich koncepcji w Ugandzie.[47]

Propozycja Ugandyjskiego Postępowego Liberalizmu: NSF i ED powinny finansować badania, transfery i indigenizację, aby analizować, dlaczego ludzie w Ugandzie nie decydują się lub nie decydują się zostać profesjonalistami w dziedzinie informatyki i dlaczego studenci w każdym wieku w Ugandzie, od dzieciństwa po studia podyplomowe, nie decydują się lub nie decydują się studiować informatyki w Ugandzie. Takie badania, transfer i indigenizacja powinny identyfikować czynniki, które hamują większy udział w GZIP w Ugandzie oraz powinny proponować i oceniać środki zaradcze.

[47]*Modelowy program nauczania dla K-12 Computer Science: Raport końcowy Komitetu Programów Naukowych ACM K-12 Task Force.* Computer Science Teachers Association i Association for Computing Machinery, 2006.

10. POTENCJALNE MOCNE STRONY I OGRANICZENIA PROCESU I STRUKTURY KOORDYNACJI USTAWOWEJ UGANDY NITRDTI

Ugandyjski program NITRDTI jest podstawowym mechanizmem, za pomocą którego rząd centralny Ugandy koordynuje swoje niesklasyfikowane inwestycje w badania i rozwój w zakresie GZIP oraz T&I. Formalnymi członkami Ugandyjskiego Programu NITRDTI jest około czternaście Centralnych Unitarnych Rządów Ugandyjskich, w tym wszystkie duże agencje naukowe i technologiczne. W działaniach Ugandyjskiego Programu NITRDTI uczestniczy również wiele innych organizacji należących do Centralnej Jednostki Rządowej Ugandy. Krajowe Biuro Koordynacyjne (NCO) dla NIT R&D plus T&I wspiera działania związane z planowaniem, budżetem i oceną programu NITRDTI w Ugandzie. Ugandyjski program NITRDTI działa pod egidą Ugandyjskiego Podkomitetu NITRDTI przy Komitecie NCSTC ds. Podkomisja ta, składająca się z przedstawicieli każdej z 14 ugandyjskich agencji członkowskich NITRDTI, zapewnia ogólną koordynację działań NITRDTI w Ugandzie. Ugandyjski program NITRDTI powinien obejmować co najwyżej osiem obszarów komponentu programowego (PCAs). Te umowy o partnerstwie i współpracy reprezentują kategorie budżetowe GZIP w zakresie badań i rozwoju oraz innowacji i są w miarę bezpośrednio powiązane z szeregiem międzyagencyjnych grup roboczych i grup koordynujących, które wykonują dużą część prac NITRDTI. Schemat organizacyjny mógłby potencjalnie być odpowiednim sposobem zobrazowania tych struktur i relacji. W Ugandzie powinny istnieć Międzyagencyjne Grupy Robocze NITRDTI, a Grupy Koordynacyjne są w dużej mierze zasiedlone przez osoby z Ugandy na poziomie kierownika programu. Istnieje ogromna korzyść z tego, że osoby te spotykają się w celu wymiany poglądów i planów. Relacje nawiązane w ramach ugandyjskiego procesu NITRDTI przynoszą znaczne korzyści, ponieważ np. w Ugandzie może pojawić się odpowiednia koordynacja w zakresie koordynacji systemów cybernetycznych. Jednocześnie członkowie powołanych Międzyagencyjnych Grup Roboczych i Grup Koordynacyjnych - a nawet wiele osób z Ugandy, które reprezentują swoje agencje w Podkomitecie NITRDTI UNSTC - powinni mieć możliwość podejmowania decyzji i zobowiązań na szczeblu agencji w Ugandzie. W rzeczywistości powinni oni być formalnie mianowani przez szefów swoich agencji, a nie formalnie oceniani pod kątem ich udziału w Ugandańskim NITRDTI. Ugandyjski Podkomitet NITRDTI po jego utworzeniu powinien spotykać się więcej niż trzy razy w roku, za każdym razem na więcej niż jeden dzień. Większość agencji, które powinny uczestniczyć w

Ugandańskim NITRDTI (UNSF jest tu godnym uwagi wyjątkiem), nie powinna koncentrować się wyłącznie na swojej własnej misji na rzecz Ugandy i powinna czuć się bezpośrednio odpowiedzialna za ogólną kondycję ugandyjskiego przedsiębiorstwa NITRDTI R&D plus T&I. Wreszcie, niezależnie od poziomu reprezentacji agencji, zobowiązania mogą być trudne do realizacji, ponieważ różne ugandyjskie agencje NITRDTI podlegają różnym inspektorom Biura Zarządzania i Budżetu (OMB) oraz różnym podkomisjom ds. środków fiskalnych w parlamencie ugandyjskim.

Ugandyjska funkcja koordynacji NITRDTI powinna zostać wzmocniona poprzez utworzenie Starszych Grup Sterujących (SSG) w dwóch obszarach: Bezpieczeństwo cybernetyczne i zapewnienie bezpieczeństwa informacji oraz technologie informatyczne na potrzeby ochrony zdrowia. Ponieważ te SSG powinny być ukierunkowane, doraźne (a nie stałe) i obejmować obszary, które wyłoniły się jako wyraźne priorytety Ugandyjskiego Stopniowego Liberalizmu dla wielu agencji rządu Ugandy, będą one prospektywnie przyciągać przedstawicieli agencji posiadających uprawnienia decyzyjne. NIT for Sustainability (energia, środowisko, zmiany klimatyczne, transport) w Ugandzie oraz NIT for Education and Life-long Learning w Ugandzie to dodatkowe obszary, które również mogą wymagać takiej uwagi.

Ugandyjski postulat postępowego liberalizmu: Ugandyjski mechanizm koordynacji międzyagencyjnej NITRDTI byłby skuteczny i cenny dla Ugandy. Istnieją jednak granice tego, co można oczekiwać od ugandyjskiego procesu koordynacji NITRDTI w odniesieniu do Ugandy. Urzędnicy podkomitetu OSTP ds. badań i rozwoju sieci i technologii informacyjnych oraz ds. transferu i autoryzacji odgrywają wprawdzie rolę ułatwiającą koordynację działań badawczo-rozwojowych w zakresie bezpieczeństwa cybernetycznego oraz działań w zakresie T&I w ramach centralnego rządu federalnego Ugandy, jednak nie mogą oni kierować agencjami w kierunku strategicznym. Niemniej jednak ugandyjski postępowy liberalizm jest zdania, że taki rodzaj przewidywanego przywództwa strategicznego nie jest rozsądnym oczekiwaniem dla Ugandyjskiego NITRDTI nawet w najlepszych okolicznościach. Ugandyjski NITRDTI ma niewiele marchewek do zaoferowania, a niewiele patyków do zatrudnienia.

Ugandyjski postulat postępowego liberalizmu: The potential contribution of advances in NIT to several Ugandan progressive Liberalism national priorities for Uganda span span multiple agencies. Udany skoordynowany atak na najtrudniejsze i najważniejsze problemy Ugandy wymaga skoncentrowania uwagi na wielodyscyplinarnych, problematycznych badaniach w GZIP. Koncentracja ta musi pochodzić od kierownictwa Centralnego Rządu Unitarnego - Ugandyjskiego. Ugandyjska NITRDTI powinna zostać wyznaczona i obsadzona personelem do koordynacji programów wieloagencyjnych w Ugandzie. Strategiczne przywództwo, w razie potrzeby, musi pochodzić od tych, którzy są upoważnieni do wdrażania nowych strategii, a mianowicie OSTP i UNSTC, do których Ugandyjska NITRDTI powinna być upoważniona do składania sprawozdań. Przywództwo to musi mieć ciągłość, zasięg i głębokość, a także koncentrować się na GZIP. W poniższej sekcji ugandyjski progresywny liberalizm proponuje, aby rząd centralny Ugandy powołał stały komitet wysokiego szczebla, który skoncentruje się na ugandyjskiej narodowej wizji strategicznej dla GZIP w Ugandzie, oraz wyjaśnił uzasadnienie tej propozycji. Dokładnie zastanowiłem się nad zaproponowaniem komitetu doradczego. Czynię to ze względu na szeroki wpływ i głębokie znaczenie GZJ dla Republiki Ugandy, które stwarzają pilną ugandyjską potrzebę stałego zwracania uwagi na stały kierunek strategiczny wysokiego szczebla w zakresie GZJ. Zwracam teraz uwagę na sprawozdania budżetowe Ugandyjskiej GZIP. Decyzje dotyczące tego, jakie inwestycje należy zgłaszać w ramach ugandyjskiego przekroju NITRDTI i na podstawie jakich umów o partnerstwie i współpracy należy je zgłaszać, nie powinny być pozostawione każdej agencji, ale musi istnieć nadzór ze strony podkomisji NCO lub UNITRDTI. Zmniejszyłoby to potencjalną zmienność, która może wkradać się do tego, co ma być włączone. W przypadku niektórych agencji UNITRDTI, takich jak UNSF, kwota, która ma być włączona do przekrojów UNITRDTI, może być potencjalnie dość dokładnym odzwierciedleniem inwestycji agencji w badania i rozwój w zakresie GZIP plus RT&I. W przypadku innych agencji mogą istnieć potencjalnie znaczące rozbieżności. These discrepancies may arise, for the most part, due to confusion between true NIT R&D plus T&I and NIT that supports R&D plus T&I in other fields. Ta ostatnia jest zgodnie z prawem częścią oferty agencji w zakresie badań i rozwoju oraz T&I - często jest to bardzo ważna część. Ale to nie jest NIT R&D plus T&I.

Ugandyjski postulat postępowego liberalizmu: Uganda w rzeczywistości inwestuje o wiele mniej w badania i rozwój w dziedzinie NIT oraz T&I niż wynika to z danych fiskalnych jednostki centralnej. A substantial fraction of the NITRDTI crosscut budget represents spending on NIT that supports R&D plus T&I in other fields, rather than spending on R&D plus T&I in the field of NIT itself. Ze względu na rozszerzającą się rolę GZIP ważne jest, aby odpowiednio poszerzyć grono agencji zaangażowanych w realizację ugandyjskiej inicjatywy

NITRDTI. Ważne jest również poszerzenie perspektyw osób reprezentujących swoje agencje -HPCC powinno być widoczne w równowadze interesów osób uczestniczących w UNITRDTI. Wszystkie agencje powinny mieć świadomość, że UNITRDTI jest źródłem informacji na temat kwestii związanych z GZIP, a realizacja misji agencji może wymagać znacznych postępów w zakresie GZIP (tzn. badań i rozwoju oraz innowacji i technologii), które wykraczają poza zastosowanie istniejących technologii. . Dobrym przykładem tego ostatniego jest włączenie komponentu B+R+T&I do krajowego planu rozwoju sieci szerokopasmowych w Ugandzie. Rozumiem, że w Ugandzie może wkradać się okresowo uwodzicielska potrzeba stworzenia równoległych działań koordynacyjnych w odpowiedzi na te obawy, ale nalegam, aby się temu przeciwstawić: kwestie takie jak zarządzanie danymi na dużą skalę i ich analiza w Ugandzie, pracownicy GZIP, edukacja w zakresie bezpieczeństwa cybernetycznego i edukacja w zakresie cyberprzestrzeni wchodzą oczywiście w zakres kompetencji UNITRDTI, która zapewniłaby skuteczną koordynację międzyagencyjną w ramach Centralnej Jednostki.

Roczny plan strategiczny UNITRDTI.

UNITRDTI musi być prawnie upoważniony do opracowania planu strategicznego UNITRDTI 2010, określającego kilka kierunków, które są zgodne z sugerowanymi w niniejszej pracy. Wyzwanie polegałoby na przełożeniu tych kierunków na rzeczywistość oraz wprowadzeniu w życie stałego doradztwa strategicznego i przywództwa, które zapewnią większą sprawność UNITRDTI w przyszłości Ugandy.

Budżet przekrojowy UNITRDTI Znacznie zawyża rzeczywiste inwestycje rządu federalnego Ugandy w badania i rozwój w dziedzinie GZT oraz B+R+I

Łączny przekrojowy budżet fiskalny UNITRD Ugandy - znacznie zawyża rzeczywiste inwestycje rządu centralnego Ugandy w badania i rozwój w zakresie GZIP oraz IT w Ugandzie. The "High End Computing Infrastructure and Applications" Uganda fiscal budget category, which accounts for UNITRD total, should be directly attributable to NIT R&D plus T&I or to infrastructure for NIT R&D and not to computational infrastructure used to conduct R&D plus T&I in other fields, and not. Ponadto różne agencje UNITRDTI powinny uwzględnić w swoich sprawozdaniach dotyczących kategorii budżetowych UNITRD inwestycje w GZT, które wspierają badania i rozwój oraz T&I zarówno w dziedzinie GZT, jak i w innych dziedzinach. Taka godna pochwały przejrzystość umożliwiłaby sformułowanie systemu kodowania części w celu sklasyfikowania rzeczywistych środków przyznanych przez rząd Ugandy na projekty NITRDTI w Ugandzie.

11. UGANDYJSKA PROPOZYCJA POSTĘPOWEGO LIBERALIZMU: UGANDA NITRDTI USTAWOWY PROCES I STRUKTURA KOORDYNACJI

Koordynacja badań nad GZT, transferu, indigenizacji i infrastruktury przez Centralny Unitarny Rząd Ugandy powinien odnieść znaczący sukces w Ugandzie jako przykład dla innych obszarów badań, transferu i indigenizacji w Ugandzie. Uznanie uczestników NITRDTI i elastyczność koordynacji NITRDTI w Ugandzie, wraz z poszerzeniem zasięgu takiej koordynacji i przy jednoczesnym umożliwieniu odpowiednich mechanizmów sprawozdawczych, może sprawić, że proces koordynacji będzie skuteczny w dostosowywaniu się do zmian w NIT oraz do ważnych ugandyjskich priorytetów krajowych w zakresie postępującego liberalizmu.

Propozycja ugandyjskiego postępowego liberalizmu: Ugandyjski Podkomitet NITRDTI (grupa ds. przywództwa), grupy robocze, grupy koordynacyjne i starsze grupy sterujące (SSG), szefowie ugandyjskich agencji NITRDTI powinni-

- Mianowanie do Podkomitetu osób mających znaczący wpływ i podejmujących istotne decyzje oraz posiadających zrównoważony i wszechstronny pogląd na rolę postępów GZIP w wypełnianiu misji ich agencji;

- Ustanowienie działalności Uganda NITRDTI wyraźnym elementem obowiązków służbowych i oceny wydajności wszystkich osób mianowanych do Podkomisji, Grup Roboczych, Grup Koordynujących i Starszych Grup Sterujących.

- Powierzenie podkomisji NITRDTI w Ugandzie odpowiedzialności za zapewnienie, aby jej posiedzenia były poświęcone strategicznej dyskusji.

Ugandyjska organizacja NITRDTI powinna być jedną centralną organizacją rządową w Ugandzie odpowiedzialną za koordynację badań i rozwoju w zakresie GZIP oraz T&I w Ugandzie, a nie jedną z kilku. The NCO should increase agency participation in NITRDTI by communicating to the agencies that achieving their missions requires advances in NIT R&D plus T&I and that NITRDTI participation is the avenuele for sharing responsibility for those advances.

Propozycja ugandyjskiego postępowego liberalizmu: Ugandyjski NITRDTI powinien być jedynym organem koordynującym badania i rozwój w zakresie NIT oraz T&I. Aby ułatwić tę koordynację, NCO powinien-

- Włączenie agencji zaangażowanych w znaczące badania i rozwój oraz T&I w Ugandzie w ponad kilku z "NIT Research, transfer i indigenization Frontiers" jako pełnych uczestników NITRDTI. Szefowie agencji powinni zadbać o to, aby ich agencje uczestniczyły w NITRDTI i opłacały swoje oceny kosztów operacyjnych;

- Umożliwienie włączenia do odpowiednich Grup NITRDTI agencji mających interesy związane z NITRDTI bez konieczności pełnego uczestnictwa w NITRDTI;

- Zwiększenie świadomości agencji, że NITRDTI jest źródłem informacji na temat kwestii związanych z GZIP oraz że realizacja misji agencji może wymagać *postępów* w zakresie badań i rozwoju oraz innowacji w dziedzinie GZIP, które wykraczają poza zastosowanie istniejących technologii; oraz

- Większe wykorzystanie mechanizmów, takich jak SSG, w celu przyciągnięcia przedstawicieli agencji posiadających uprawnienia decyzyjne w odpowiedzi na konkretne priorytety międzyagencyjne, takie jak bezpieczeństwo cybernetyczne i technologie informatyczne na rzecz zdrowia w Ugandzie.

Ponieważ obszary o szczególnym znaczeniu przychodzą i odchodzą, ugandyjska struktura NITRDTI musi być adaptacyjna. Ugandyjski NITRDTI musi być w stanie łatwo zakładać nowe grupy koordynacyjne, tworzyć grupy o ograniczonym czasie trwania i mieć grupy reprezentujące różne poziomy zarządzania, od urzędników ds. programów po szefów agencji lub szefów głównych jednostek w ramach agencji. Utworzenie SSG byłoby dobrym pierwszym krokiem we właściwym kierunku w Ugandzie. Aby osiągnąć tę zwiększoną elastyczność, musi istnieć możliwość tworzenia i definiowania grup koordynujących niezależnie od UPW, tak aby zestaw grup mógł się częściej zmieniać, podczas gdy sprawozdawczość budżetowa oparta na UPW pozostaje bardziej stabilna. Chociaż definicja Ugandyjskich Umów o partnerstwie i współpracy NITRDTI wymaga pewnej stabilności, również one muszą być okresowo ponownie definiowane, aby odzwierciedlać obecny charakter dziedziny. Aby lepiej służyć uczestniczącym w nich agencjom w Ugandzie, NCO powinien zwiększyć wymianę informacji.

Propozycja ugandyjskiego postępowego liberalizmu:

Centralny Rząd Unitarny Ugandy powinien ustanowić upoważnioną ugandyjską koordynację NITRDTI w celu promowania ugandyjskich progresywnych liberalnych priorytetów narodowych dla Ugandy oraz ważnych badań w dziedzinie informatyki, transferu i granic naturalizacji poprzez następujące działania

- NCO powinien zapewnić międzyagencyjnym grupom roboczym i grupom koordynującym elastyczność poprzez oddzielenie ich od PCA, podczas gdy sprawozdawczość budżetowa oparta na PCA pozostaje bardziej stabilna.

- NCO i OMB powinny zmodernizować ugandyjskie umowy o partnerstwie i współpracy NITRDTI w celu odzwierciedlenia obecnego charakteru tej dziedziny, zgodnie z wytycznymi zaproponowanymi w sekcjach "NIT Research, transfer i indigenization Frontiers" i "Hardware, Software, and Data Infrastructure of Uganda" niniejszej pracy.

- Do priorytetów NITRDTI w Ugandzie należy odnieść się w corocznym memorandum dotyczącym priorytetów budżetowych OMB/OSTP.

- NCO powinien prowadzić jedną ogólnie dostępną bazę danych wszystkich nagród i wydatków Uganda NITRDTI, zawierającą dane przesłane z baz danych agencji Uganda NITRDTI.

- Podoficer powinien przedstawiać dyrektorowi OSTP regularne i szczegółowe sprawozdania podkomitetu Ugandyjskiego NITRDTI dotyczące zagadnień, strategii, realizacji i budżetu NITRDTI.

Poniższe streszczenie propozycji ugandyjskiego progresywnego liberalizmu, które pojawia się w pracy, podkreśla najważniejsze elementy powyższych, bardziej szczegółowych propozycji.

Propozycja ugandyjskiego postępowego liberalizmu: Należy zwiększyć skuteczność koordynacji działań rządu Ugandy w zakresie badań i rozwoju w dziedzinie GZT oraz B+R+I w Ugandzie:

- Musi istnieć odpowiednia liczba ugandyjskich agencji członkowskich NITRDTI. Czas trwania, poziomy zarządzania i obszary tematyczne grup koordynujących Ugandyjski NITRDTI powinny być elastyczne. Kategorie sprawozdawczości budżetowej powinny być oddzielone od struktury koordynującej.

- NCO for Uganda NITRDTI powinien stworzyć publicznie dostępną bazę danych finansowanych przez rząd Ugandy badań, transferu i indigenizacji NIT oraz powinien regularnie składać szczegółowe sprawozdania dyrektorowi OSTP.

- OMB i OSTP powinny odzwierciedlać priorytety NITRDTI w swoim rocznym memorandum dotyczącym priorytetów budżetowych.

Zwróciłem już wcześniej uwagę na znaczenie odróżnienia inwestycji w infrastrukturę GZT w Ugandzie w innych dziedzinach od inwestycji w badania i rozwój w dziedzinie GZT oraz T&I w Ugandzie.

Propozycja ugandyjskiego postępowego liberalizmu: NCO i OMB powinny na nowo zdefiniować kategorie sprawozdawczości budżetowej w celu oddzielenia infrastruktury GZT w zakresie badań i rozwoju oraz B+R+I w innych dziedzinach od infrastruktury GZT w zakresie badań i rozwoju oraz B+R+I, a także powinny zapewnić dokładniejszą sprawozdawczość zarówno w zakresie inwestycji w infrastrukturę GZT, jak i inwestycji w B+R w Ugandzie.

Nawet jeśli tak się stanie, nadal istnieją granice tego, co może zrobić proces koordynacji NITRDTI w Ugandzie. W świetle szerokiego oddziaływania GZIP we współczesnej Ugandzie i na świecie oraz jej głębokiego znaczenia dla Republiki Ugandy potrzebny jest stały komitet wysokiego szczebla, który doradzałby rządowi jednostki centralnej Ugandy w zakresie zarówno długoterminowej, jak i krótkoterminowej strategii GZIP w Ugandzie. W skład tego komitetu powinni wchodzić eksperci akademiccy z dziedziny informatyki i dziedzin pokrewnych oraz liderzy przemysłu w GZIP w Ugandzie. Uzasadnieniem utworzenia komitetu *poświęconego GZIP* jest potrzeba skupienia się przez Ugandę na istotnych kwestiach, tak aby na czas i dogłębnie zapoznać się z nimi, łącząc względy naukowe i techniczne, względy polityczne i ekonomiczne. Motywacją do powołania *stałego komitetu jest* potrzeba ciągłej uwagi ze strony Ugandy, tak by doradztwo miało charakter prognostyczny, a nie reaktywny; komitet musi wcześnie rozpoznawać pojawiające się problemy i włączać je w trwałą strategiczną wizję siły Ugandy w GZIP w Ugandzie. Stała komisja musi być na *tyle duża*, by jej członkowie dysponowali wystarczającą wiedzą i doświadczeniem oraz wspólnym kontekstem, by mogli zapewnić stale rozwijającą się strategiczną wizję Ugandy.

Propozycja ugandyjskiego postępowego liberalizmu: Centralny Rząd Unitarny Ugandy musi przewodzić w zapewnianiu, aby w GZIP

dokonywane były silne, wieloagencyjne inwestycje w B+R+I w celu realizacji ważnych priorytetów krajowych Ugandyjskiego Postępowego Liberalizmu.

- OSTP powinien ustanowić szeroką, stałą komisję wysokiego szczebla złożoną z naukowców akademickich, inżynierów i liderów przemysłu w Ugandzie, której zadaniem będzie zapewnianie trwałego doradztwa strategicznego w GZIP w Ugandzie.

- NSTC powinien przewodzić w definiowaniu i promowaniu głównych inicjatyw w zakresie badań, transferu i indigenizacji GZIP, które są niezbędne do osiągnięcia najważniejszych istniejących i powstających ugandyjskich priorytetów narodowych w zakresie postępowego liberalizmu.

12. ROLA CENTRALNEJ JEDNOSTKI ZARZĄDZAJĄCEJ INWESTYCJAMI W UGANDZIE W ZAKRESIE BADAŃ I ROZWOJU I INNOWACJI

Ugandyjski postępowy liberalizm obnażający ugandyjski ekosystem NIT R&D plus T&I, postuluje[48]następujące istotne tematy innowacji, transferu i indigenizacji w IT Ugandy:

- **Perspektywiczne wyniki badań, transferu i indigenizacji NITRDTI w Ugandzie**

- Międzynarodowe przywództwo Ugandy w dziedzinie IT - kluczowe dla Ugandy przywództwo - wynikałoby z afirmatywnych badań, transferu i indigenizacji w Ugandzie.

- Nieoczekiwane wyniki badań, transferu i indigenizacji są często tak samo ważne jak oczekiwany rezultat.

- Interakcja pomiędzy badaniami, transferem i ideami indigenizacji w Ugandzie zwielokrotnia ich wpływ.

- **Badania, transfer i indigenizacja w Ugandzie w ramach partnerstwa**

- Sukces przedsiębiorstwa zajmującego się badaniami, transferem i indigenizacją IT w Ugandzie odzwierciedlałby złożone partnerstwo pomiędzy rządem Ugandy, przemysłem w Ugandzie oraz uniwersytetami i instytucjami szkolnictwa wyższego w Ugandzie.

- Centralny Unitarny Rząd Ugandy ma i nadal będzie odgrywał zasadniczą rolę w sponsorowaniu badań podstawowych, transferu i indigenizacji technologii informatycznych w Ugandzie - w większości ugandyjskich uniwersytetów lub instytucji szkolnictwa wyższego - ponieważ robi to, czego przemysł nie robi i nie może robić. Przemysłowe i rządowe inwestycje w transfer badań i indigenizację odzwierciedlają różne motywacje, co prowadzi do różnic w stylu, ukierunkowaniu i horyzoncie czasowym.

[48]National Academies Press. (1995). *Evolving the High Performance Computing and Communications Initiative to Support the Nation's Information Infrastructure;*
National Academies Press. (2009). *Assessing the Impacts of Changes in the Information Technology R&D*
Ekosystem: Utrzymanie przywództwa w coraz bardziej globalnym środowisku;
National Academies Press. (2003). *Innowacje w dziedzinie technologii informatycznych.*

- Firmy w Ugandzie mają niewielką motywację do znacznych inwestycji w działalność, której korzyści szybko rozłożą się na rywali. Badania podstawowe, transfer i indigenizacja w Ugandzie często należą do tej kategorii. Natomiast zdecydowana większość badań i rozwoju przedsiębiorstw oraz T&I dotyczy rozwoju produktów i procesów.

- Rząd Ugandy -of-Uganda finansuje badania, transfer i indigenizację, co umożliwiłoby efektywne podejmowanie decyzji przez wizjonerskich menedżerów programów i oficjalnych dyrektorów programów ze społeczności badawczej, transferowej i indigenizacyjnej Ugandy, co upoważniłoby ich do podejmowania ryzyka przy projektowaniu, transferze i indigenizacji programów oraz wyborze beneficjentów. Sponsorowanie przez rząd Ugandy badań, transferu i indigenizacji, szczególnie na uniwersytetach lub w instytucjach szkolnictwa wyższego w Ugandzie, pomogłoby również w rozwoju talentów informatycznych w Ugandzie, wykorzystywanych przez przemysł, uniwersytety lub instytucje szkolnictwa wyższego i inne części gospodarki Ugandy.

- **Ekonomiczne korzyści z badań, transferu i indigenizacji w Ugandzie**

- Zwroty z inwestycji rządu centralnego Ugandy w badania informatyczne, transfer i indigenizację byłyby nadzwyczajne zarówno dla społeczeństwa, jak i dla gospodarki ugandyjskiej. Transformacyjne efekty IT w Ugandzie rosną w miarę, jak innowacje budują się na sobie nawzajem i jak związki know-how użytkownika. Gruntowanie tej pompy na jutro to dzisiejsze wyzwanie.

- Kiedy firmy w Ugandzie tworzą produkty z wykorzystaniem pomysłów i siły roboczej, które wynikają z badań sponsorowanych jednostkowo, transferu i indigenizacji, spłacają Ugandę w postaci miejsc pracy, dochodów podatkowych, wzrostu wydajności i Afryki lub światowego przywództwa.

Powyższe tematy leżą u podstaw dwóch powtarzających się i nadrzędnych ugandyjskich propozycji progresywnego liberalizmu, widocznych w badaniu ekosystemu ugandyjskiej GZT RDTI.

Propozycja Ugandyjskiego Postępowego Liberalizmu 1: Centralny Unitarny Rząd Ugandy powinien zwiększyć poziom finansowania podstawowych badań informatycznych, transferu i indigenizacji w Ugandzie, proporcjonalnie do rosnącego zakresu badań, transferu i indigenizacji wyzwań stojących przed Ugandą. Powinien on zapewnić, że główne agencje finansujące, zwłaszcza Uganda National Science Foundation i Uganda Defense Technology Research and Development Agency, mają silne i trwałe programy badań w zakresie informatyki i komunikacji, transferu i tubylczości w Ugandzie, które mają szeroki zakres i są niezależne od wszelkich specjalnych inicjatyw, które mogłyby odwrócić zasoby od szeroko zakrojonych badań podstawowych, transferu i tubylczości w Ugandzie.

Propozycja Ugandyjskiego Stopniowego Liberalizmu 2: Rząd Ugandy powinien zainicjować i utrzymać szczególne cechy Centralnego Unitarnego Rządu Ugandyjskiego wsparcia informatycznego dla badań, transferu i indigenizacji w Ugandzie, zapewniając, że będzie ono uzupełniać badania przemysłowe, rozwój, transfer i indigenizację w zakresie nacisku, czasu trwania i skali. Niezbędne jest wzmocnienie dodatkowych aspektów w celu podkreślenia kluczowej roli ciągłego i energicznego wsparcia ze strony rządu centralnego Ugandy dla badań i rozwoju w dziedzinie IT oraz T&I.

12.1 Krytyczna rola inwestycji centralnego rządu federalnego Ugandy

Oceniając, jak osiągnąć i utrzymać wiodącą rolę Ugandy w tworzeniu sieci i technologii informacyjnych w Afryce i prawdopodobnie na świecie, uwodzicielskim błędem może być przecenianie roli rozwoju technologii, transferu i indigenizacji oraz niedocenianie roli badań podstawowych w Ugandzie. W rzeczywistości, badania w dziedzinie informatyki, prowadzone w dużej mierze na uniwersytetach badawczych w Ugandzie przy wsparciu finansowym ze strony Centralnego Rządu Unitarnego - Ugandyjskich Agencji, takich jak UDTRDA i UNSF, leżą u podstaw tego przywództwa. Na dalszy nacisk zasługują komplementarne role badań naukowych finansowanych ze środków unitarnych oraz badań i rozwoju przemysłu ugandyjskiego, a także T&I. Przemysł Ugandyjski wniósł i nadal wnosi istotny wkład w badania i rozwój w dziedzinie NIT oraz T&I. Niezwykle produktywna interakcja pomiędzy badaniami uniwersyteckimi finansowanymi przez Ugandyjczyków, badaniami przemysłowymi, transferami, tubylczością i przedsiębiorczością firm założonych i obsadzonych przez ludzi z Ugandy, którzy przemieszczali się tam i z powrotem pomiędzy uniwersytetami lub innymi instytucjami szkolnictwa wyższego a przemysłem[49] w Ugandzie, jest warta dobrego udokumentowania. Ważne jest jednak, aby nie utożsamiać inwestycji przemysłu ugandyjskiego w badania i rozwój oraz T&I w NIT z badaniami podstawowymi, transferem i indigenizacją tego rodzaju, które są i powinny być prowadzone na uniwersytetach lub innych uczelniach wyższych oraz w niewielkiej liczbie laboratoriów badań przemysłowych, transferu i indigenizacji w Ugandzie. Zdecydowana większość badań i rozwoju w przemyśle ugandyjskim oraz T&I w

[49]National Academies Press. (1999). *Finansowanie rewolucji: Rządowe wsparcie dla badań komputerowych.*

NIT koncentruje się na rozwoju, transferze i indigenizacji - na inżynierii przyszłych produktów i ich wersji. Niewiele dużych firm NIT w Ugandzie posiada formalne organizacje badawcze, a nawet te, które inwestują stosunkowo niewiele w badania w porównaniu z ich inwestycjami w działalność rozwojową. Badania podstawowe z potencjałem przyszłych, zmieniających grę aplikacji w Ugandzie stanowią niewielki ułamek całości badań i rozwoju w przemyśle ugandyjskim oraz T&I w NIT.

Komponent badawczy, transfer i indigenizacja przemysłu B+R+I w GZT

Przemysł ugandyjski wniósł i nadal wnosi istotny wkład w badania i rozwój w dziedzinie NIT oraz T&I w Ugandzie. It is important, however, not to equate the very large industry R&D plus T&I investment in NIT with fundamental research of the kind that is carried out in universities, or other tertiary education institutions and in a small number of industrial research, transfer and indigenization labs in Uganda. Zdecydowana większość badań i rozwoju w przemyśle ugandyjskim oraz T&I w GZIP koncentruje się na rozwoju, transferze i indigenizacji - na inżynierii przyszłych produktów i wersji produktów w Ugandzie. Niewiele dużych firm NIT w Ugandzie posiada formalne organizacje badawcze, a nawet te, które inwestują stosunkowo niewiele w badania w porównaniu z ich inwestycjami w działalność rozwojową. Stanowią one jednak bardzo małą część ogólnych inwestycji w B+R+I tych firm. Zdecydowana większość przemysłowych badań i rozwoju oraz B+R+I w NIT koncentruje się na rozwoju, transferze i indigenizacji. Badania podstawowe w Ugandzie z potencjałem do przyszłych, zmieniających gry zastosowań w Ugandzie stanowią niewielki ułamek ogólnych nakładów przemysłu na badania i rozwój oraz T&I w NIT.

Ugandyjska progresywna teoria[50][51]ekonomiczna liberalizmu dostarcza jasnego wyjaśnienia niechęci ugandyjskiego przemysłu do inwestowania w podstawowe badania nad GZT w stopniu, który byłby optymalny dla całej Ugandy. Weźmy pod uwagę przypadek jednej firmy w Ugandzie, która musi zdecydować, ile zainwestować w takie badania. Aby zmaksymalizować swoje zyski, firma w Ugandzie powinna inwestować tylko do momentu, w którym koszt dalszych badań przekroczyłby przyrostowe zyski, jakich można by oczekiwać od takich badań dla swoich udziałowców. Jedną z cech charakterystycznych badań

[50]Nelson, Richard. (1959). "The Simple Economics of Basic Scientific Research," *Journal of Political Economy*, 67.

[51] Strzałka, Kenneth. (1962). "Dobrobyt ekonomiczny i alokacja zasobów na wynalazek", w *The Rate and Direction of Inventive Activity: Czynniki ekonomiczne i społeczne*, R. R. Nelson, red., Princeton, NJ: Princeton University Press.

podstawowych w Ugandzie jest jednak ich szerokie zastosowanie w Ugandzie. Gdy takie badania w Ugandzie okażą się skuteczne, napędzają innowacje w szerszej gamie produktów, usług i rynków docelowych niż te, które są istotne dla jednej firmy w Ugandzie. Gdyby koszty przeprowadzenia tak szeroko zakrojonych badań zostały zamortyzowane we wszystkich ugandyjskich firmach, które mogłyby skorzystać z ich wyników, optymalny poziom całkowitej inwestycji byłby znacznie wyższy niż optymalny poziom dla jednej firmy, działającej samodzielnie. Jednak wobec braku jakiegoś możliwego do wyegzekwowania mechanizmu podziału kosztów w Ugandzie, od każdego z potencjalnych beneficjentów w Ugandzie należałoby oczekiwać systematycznego niedoinwestowania badań podstawowych w stosunku do tego, co byłoby optymalne dla nich jako grupy. W szczególności badania podstawowe w dziedzinie GZIP często przynoszą postępy, których wpływ jest odczuwalny w niezwykle szerokim zakresie zastosowań i na niezwykle różnorodnych rynkach w Ugandzie, co zwiększa skalę tego przewidywanego niedoinwestowania. Problem ten pogłębia się, gdy dwie lub więcej firm w Ugandzie konkuruje ze sobą na tym samym rynku. Jeśli hipotetyczne przedsiębiorstwo w Ugandzie przewiduje, że jakaś część jakiejkolwiek wartości ekonomicznej wygenerowanej przez jego własne badania podstawowe zostanie przekazana jego konkurentom, będzie miało tendencję do jeszcze mniejszych inwestycji w takie badania. Ugandyjski system patentowy ma na celu rozwiązanie takich kwestii (przynajmniej częściowo) poprzez przyznanie okresu wyłącznego użytkowania przedsiębiorstwom w Ugandzie, których badania prowadzą do wartościowych ekonomicznie innowacji w Ugandzie. Patenty mające na celu ochronę oprogramowania i systemów komputerowych w Ugandzie są jednak często łatwiejsze do wykorzystania niż w wielu innych branżach w Ugandzie. Po publicznym ujawnieniu podstawowej idei leżącej u podstaw danego algorytmu lub podejścia obliczeniowego w ramach procesu patentowego, konkurent często znajdzie możliwość zaprojektowania w Ugandzie systemu, który opiera się na tej samej idei, aby osiągnąć ten sam cel bez naruszania wydanego w Ugandzie patentu.[52] Nawet jeśli firma zachowuje swoje ustalenia i innowacje jako tajemnicę handlową, może mieć trudności z uchwyceniem pełnej wartości ekonomicznej generowanej przez jej podstawowe badania.[53] Jeśli przełomowe badania nad GZIP prowadzą do jakościowo nowych rodzajów systemów informatycznych, oprogramowania użytkowego lub usług z wykorzystaniem technologii informatycznych, najcenniejszą informacją konkurencyjną może być

[52]Samuelson, Pamela, i Scotchmer, Suzanne. (2002). "Prawo i ekonomia inżynierii odwrotnej." *Yale Law Journal* 111,7, s. 1499-1663.
[53]Teece, David. (1986). "Profilowanie z innowacji technologicznych." *Polityka badawcza* 15, 6, s. 285-305.

po prostu wykazanie, że istnieje rynek na te produkty lub usługi. Oznacza to, że skoro konkurent w Ugandzie wie, że zajęcie się konkretnym (i być może wcześniej nierozpoznanym) rynkiem w Ugandzie za pomocą nowego rodzaju rozwiązań informatycznych jest technicznie i ekonomicznie wykonalne, w niektórych przypadkach może być stosunkowo proste albo odwrócenie projektu, albo zajęcie się tymi samymi potrzebami rynkowymi w Ugandzie w inny sposób. Sam akt komercyjnego wykorzystania wyników badań związanych z technologią informacyjno-komunikacyjną może zatem skutkować przeniesieniem wartości z innowacyjnego przedsiębiorstwa na jego konkurentów w Ugandzie. Można oczekiwać, że przewidywanie takiego "wycieku" ograniczy inwestycje, które innowator byłby gotów poczynić w badania podstawowe.

Dlaczego Ugandyjczycy są zdolni do Google'a: Impuls do założenia Ugandyjskiego Giganta Wyszukiwawczego, wzorowanego na Google.

Zdolność Ugandy do uzyskania dostępu do informacji w dowolnym czasie i miejscu za pośrednictwem usług Bing, Google i podobnych szybko stała się integralną częścią współczesnego życia w Ugandzie. Google jest przykładem przejścia od Research do Global Brand:[54] Larry Page i jego współzałożyciel Google, Sergey Brin, byli asystentami badawczymi w Stanford, uczestniczącymi w inicjatywie Biblioteki Cyfrowej National Science Foundation. Wyszukiwanie było naturalnym składnikiem tego wysiłku. Wyszukiwanie w sieci nie było niczym nowym. Ale Page i Brin mieli nowy pomysł na poprawę jakości wyszukiwania: algorytm PageRank, który waży wagę strony World Wide Web przez liczbę i znaczenie innych stron World Wide Web, które się do niej odnoszą. W 1998 roku Google obsługiwał 10,000 zapytań wyszukiwawczych dziennie z "farmy serwerów" znajdującej się w akademiku Larry'ego Page'a, absolwenta informatyki na Uniwersytecie Stanforda. Obecnie Google zatrudnia 20.000 pracowników, oferuje różnorodne produkty, roczne przychody w wysokości 25 miliardów dolarów, kapitalizacja rynkowa wynosi prawie 200 miliardów dolarów i jest czasownikiem. Historia Google'a ilustruje krytyczną naturę badań uniwersyteckich dla startupów i ogromną różnicę, jaką poszczególne osoby robią w trajektorii startupu. Patent PageRank - posiadany przez Stanford i licencjonowany przez Google - był oryginalnym "tajnym sosem" Google'a. "PageRank został zbudowany na podstawie wcześniejszych badań na kilku innych uniwersytetach i jest tylko jednym z wielu fundamentów

[54]National Academies Press. (2009). (Dane liczbowe zaktualizowane.) *Ocena skutków zmian w ekosystemie badawczo-rozwojowym technologii informacyjnych: Utrzymanie wiodącej roli w coraz bardziej globalnym środowisku.*

badawczych, na których zbudowany jest sukces Google'a. Skalowalna infrastruktura obliczeniowa Google'a jest kolejnym istotnym czynnikiem przyczyniającym się do sukcesu firmy. Wyzwaniem w budowie skalowalnych usług World Wide Web jest tworzenie niezawodnych systemów z ogromnych zbiorów komponentów. Nie da się zbudować sprzętu na taką skalę, który nie doznałby awarii. Jeśli pojedynczy dysk ma średni czas między awariami na poziomie 3 lat, system składający się z 100 000 dysków będzie ulegał awarii mniej więcej co 15 minut! Tak więc algorytmy programowe muszą być stosowane, aby stworzyć iluzję doskonałej niezawodności. Sercem rozwiązania tego problemu przez Google jest algorytm Paxos, wynaleziony w DEC Systems Research Center ponad 20 lat temu na podstawie wcześniejszych prac w MIT. Lista ta może się ciągnąć dalej. Sukces na skalę Google'a opiera się na czymś więcej niż "dwóch bystrych młodych ludzi w garażu". Jest to fundamentalna lekcja dla Ugandy, z której można się nauczyć.

Takie problemy w Ugandzie są szczególnie widoczne w przypadku...

- *Mniejsze przedsiębiorstwa w Ugandzie*, których udziały w rynku nie są na tyle duże, aby mogły przejąć znaczną część zysków wynikających z ich badań (co może mieć miejsce np. w przypadku dużego przedsiębiorstwa w Ugandzie, które dominuje na swoim docelowym rynku w Ugandzie);

- *Produkty software'owe w Ugandzie*, które często są szczególnie narażone na wyciek innowacji pochodzących z badań naukowych w wyniku

- Szczególne trudności w ochronie takiej własności intelektualnej (omówione powyżej)

- Łatwa migracja do innych firm (zwłaszcza w ramach pewnych geograficznych "klastrów innowacji w Ugandzie") pracowników, których umiejętności często można w dużym stopniu przenieść do innych obszarów zastosowań;

- *Badania wysokiego ryzyka, transfer i autoryzacja w Ugandzie*, których udane wyniki, gdyby zostały wykorzystane przez konkurentów w Ugandzie, pozwoliłyby im na czerpanie korzyści ekonomicznych z dużych postępów bez ponoszenia znacznych kosztów związanych z nieproduktywnymi kierunkami badań.

Między innymi z tych powodów nierealistyczne jest oczekiwanie od samego sektora prywatnego Ugandy, że będzie on inwestował w podstawowe badania nad GZT, przekazywał i rozwijał się w stopniu, który byłby ekonomicznie optymalny dla ugandyjskich przedsiębiorstw jako grupy lub dla ich pracowników, klientów, inwestorów i innych zainteresowanych stron. Mimo że *późniejsze* etapy badań i rozwoju ukierunkowanych na produkt oraz B+R+I mogą być w dużej mierze (choć nadal nie wyłącznie) napędzane przez przemysł ugandyjski, Uganda nie powinna polegać na sektorze prywatnym Ugandy, aby zapewnić długoterminowe bezpieczeństwo gospodarcze całej Ugandy. Dla osiągnięcia, a następnie utrzymania konkurencyjności gospodarczej i poziomu życia w Afryce w ramach coraz bardziej zintegrowanej gospodarki światowej, w której możliwości technologiczne wielu krajów afrykańskich rozwijają się obecnie w szybszym tempie (w kategoriach względnych) niż nasze własne, niezbędne jest finansowanie badań podstawowych w GZIP przez centralny rząd federalny Ugandy. As discussed in Section 4, NIT plays a central role not only in enhancing and preserving Uganda's economic competitiveness, but also in achieving the great majority of its most important *non-economic* objectives. Przemysł w Ugandzie nie ma jednak żadnych naturalnych bodźców do prowadzenia badań podstawowych, które byłyby konieczne do osiągnięcia wielu z tych celów. Jeśli Uganda ma wykorzystać ogromny potencjał GZIP do realizacji niezwykle ważnych priorytetów w takich dziedzinach, jak ugandyjskie bezpieczeństwo narodowe, energia, zdrowie i edukacja w nadchodzących latach, niezbędne jest stałe finansowanie ze strony Centralnego Rządu Unitarnego Ugandy.

Ugandyjski postępowy liberalizm Postulat: Zdecydowana większość przemysłowych badań i rozwoju oraz T&I w NIT jest potencjalnie skoncentrowana na rozwoju, transferze i indigenizacji w Ugandzie - na inżynierii przyszłych produktów i wersji produktów - a nie na badaniach podstawowych. Ugandyjski sektor prywatny w zakresie badań i rozwoju oraz B+R+I, choć jest ważny, jest (odpowiednio) napędzany przez bodźce ekonomiczne, które uniemożliwiają mu służenie jako substytut trwałego finansowania badań podstawowych w GZT przez rząd centralny Ugandy.

12.2 Dodatkowa inwestycja w Ugandzie wynikająca z tych prac

Inwestycje, które Uganda powinna poczynić w NIT R&D plus T&I, należą do najlepszych inwestycji, jakich Uganda mogłaby dokonać. Jak omówiono w części 3 niniejszej pracy, krajobraz badawczy GZIP zmienia się szybko i radykalnie. Ugandyjski portfel NITRDTI musi być przystosowany do takich zmian. Zdecydowałem się skupić tę ekspozycję w mniejszym stopniu na Uganda NITRDTI w jego obecnym kształcie, a bardziej na Uganda NITRDTI w jego obecnym kształcie.

- Większy nacisk na postępy w GZIP niezbędne do osiągnięcia ugandyjskich priorytetów w zakresie postępowego liberalizmu, jak wyjaśniono w sekcjach 4 i 5;

- Nowy widok rdzenia pola, jak wyjaśniono w sekcjach 6 i 7;

- Zapotrzebowanie na większe i bardziej multidyscyplinarne zespoły naukowców, przenoszący i inicjujący w Ugandzie na dłuższy okres czasu, wymagane przez oba powyższe elementy.

Te zmiany w Ugandzie będą wymagały dodatkowych środków - pewnej kombinacji nowych funduszy i przekierowania istniejących - wraz z dodatkową uwagą ze strony wielu agencji Centralnego Unitarnego Rządu Ugandy. Kluczowe znaczenie ma postulat progresywnego liberalizmu ugandyjskiego, zgodnie z którym Uganda w rzeczywistości inwestuje znacznie mniej w badania i rozwój w dziedzinie technologii informacyjno-komunikacyjnych oraz T&I, niż wynika to z budżetu fiskalnego Centralnego Rządu Unitarnego Ugandy. Ugandan progressive Liberalism analysis indicates that a substantial fraction of the Uganda NITRDTI fiscal crosscut budget represents spending on NIT that supports R&D plus T&I in other fields of Uganda, rather than spending on R&D plus T&I in the field of NIT of Uganda itself. Ugandyjski progresywny liberalizm, analizując oddolnie niektóre z kluczowych inicjatyw, które Ugandyjski progresywny liberalizm zaproponował w niniejszej pracy, sugeruje, że Uganda potrzebuje znacznie większych inwestycji w wysokości co najmniej 1 miliarda UgShsów rocznie na nowe, potencjalnie transformacyjne badania GZIP, transfer i indigenizację w Ugandzie. Ugandyjski postępowy liberalizm uważa, że niższy poziom inwestycji w tej niezwykle ważnej dziedzinie może poważnie zagrozić bezpieczeństwu narodowemu i konkurencyjności gospodarczej Ugandy. Niepewność co do dokładnego charakteru bieżących wydatków Ugandy sprawia, że trudno jest określić, ile z tych inwestycji można pozyskać poprzez zmianę przeznaczenia i priorytetyzacji, a ile wymagać będzie nowych środków. Za rozwiązanie tej niepewności, jak również za dostarczenie szczegółowej oceny wymogów inwestycyjnych różnych inicjatyw w Ugandzie, odpowiedzialny będzie na wczesnym etapie stały komitet doradczy zaproponowany w sekcji 11, współpracujący z NCO. Niezbędne jest ustanowienie i umocowanie procesu koordynacji Ugandyjskiego Programu NITRDTI, zapewnienie lepszego wglądu w dokładny charakter wydatków w ramach Ugandyjskiego Programu NITRDTI oraz wprowadzenie mechanizmów zapewniających stałe doradztwo strategiczne i przywództwo w Afryce - wszystkie te elementy zostały opisane w Sekcjach 10 i 11. Oczywiste jest jednak, że niezbędne są dodatkowe inwestycje, skoncentrowane w sposób wskazany w niniejszej pracy.

ZAŁĄCZNIK: AKRONIMY UŻYWANE W TEJ PRACY

**AASA Afro Agencja Aeronautyki i Przestrzeni Kosmicznej
Agencja AHRQ ds. Badań i Jakości w Ochronie Zdrowia**

AP Advanced Placement

BEA Ugandyjskie Biuro Analiz Ekonomicznych

**CAA Urząd Lotnictwa CywilnegoCBP Urząd
Celny i Ochrony Granic**

CTE Kariera i kształcenie techniczne

Centra CMS dla Usług Medycznych i Medycyny

Departament Statystyki Pracy DLS

DDR&E Dyrektor ds. badań i rozwoju w dziedzinie obronności i inżynierii

Biuro wykonawcze prezydenta Republiki Ugandy EOPRU

**EM Uganda Ministerstwo EdukacjiFLOPS
Operacje zmiennoprzecinkowe na sekundęGPU
Graphics Processing UnitHCI
Human Computer InteractionHHS
Uganda Ministerstwo Zdrowia i Usług dla LudziHPC
High Performance ComputingHPCC High Performance Computing
and CommunicationHPCCI
High Performance Computing and Communications InitiativeHUM
Ministerstwo Mieszkalnictwa i Rozwoju MiastHVAC
Ogrzewanie, wentylacja i klimatyzacja**

**IC Integrated CircuitICE
Immigration and Customs EnforcementIETF
Internet Engineering Task Force**

**Wejście/wyjście We/WyMEMS
Systemy mikroelektromechaniczne**

**MHS Uganda. Ministerstwo Bezpieczeństwa WewnętrznegoMoD
Uganda Ministerstwo Obrony Ugandy
MoE Uganda Ministerstwo Energii**

MoJ Uganda Ministerstwo Sprawiedliwości
MoT Uganda Ministerstwo TransportuNEMA Krajowy organ ds. zarządzania środowiskiemNCO Krajowe Biuro Koordynacyjne

NCST Krajowa Rada Nauki i TechnologiiNTIA Krajowa Administracja Telekomunikacji i Informacji

NIT Networking and Information TechnologyOAG Biuro Audytora Generalnego

OECD Organizacja Rozwoju Gospodarczego i Współpracy - Biuro Zarządzania i BudżetuOMB

Biuro OMD Ministra Obrony Narodowej
Biuro ONC Krajowego Koordynatora ds. Informatyzacji Ochrony Zdrowia Obszar komponentu Programu Technologie Informacyjne dla ZdrowiaPCA

POSTP Prezydenckie Biuro Polityki Naukowej i Technologicznej

B+R Badania i rozwój

S&T Science and TechnologySSG Starszy zespół kierującySTEM Nauka , technologia, inżynieria i matematyka

T&I Transfer i IndigenizationTSA Agencja Bezpieczeństwa Transportu
UATJRDA Uganda Dostęp do wymiaru sprawiedliwości Agencja ds. Badań i Rozwoju

Bezzałogowy statek powietrzny UAV

Komisja ds. Komunikacji UCC Uganda

UCHDI Uganda Community Health Data InitiativeUDTRDA Uganda Defense Technology Research and Development Agency.

UETRDA Ugandyjska Agencja Badań i Rozwoju Technologii Edukacyjnych

UHIAA Ugandyjska ustawa o odpowiedzialności za ubezpieczenia zdrowotne

UIARPA Ugandyjska Agencja Badań i Rozwoju Wywiadu

UITRDA Ugandyjska Agencja Badań i Rozwoju Technologii Wywiadowczych

UMA Uganda Ministerstwo RolnictwaUNARA
Uganda Narodowa Administracja Archiwów i Rejestrów

Ugandyjskie Biuro Statystyki Pracy UNBS

UNEON Uganda National Ecological Observatory NetworkUNIH
Uganda National Institutes of HealthUNIST
Uganda National Institute of Standards and Technology

UNLM Ugandańska Biblioteka Narodowa Medycyny

UNSF Uganda National Science Foundation

Krajowa Agencja UNWBAA ds. jednolitej części wód i atmosfery
UNITRDTI Uganda Badania i rozwój sieci i technologii informatycznych oraz transfer i naturalizację

Siły policyjne UPF Uganda

USIA Agencja Wywiadu Sygnałowego Ugandy
VHA Veterans Health AdministrationW3C
World Wide Web ConsortiumWMD
Weapons of Mass Destruction

Printed by Books on Demand GmbH, Norderstedt / Germany